U0378281

A C C E S S

T R A N S F E R

优秀作品

Client: XZEN

Xzen Design Director: Victor Sokolov

After Effects
CC 2018

SBS | PyeongChang 2018

Winter
Olympics
Player
Ident.

HELIX D

Client : SBS
Executive Producer : SBS Visual Communication Team
Art direction / Design / Motion : HELIXD
Software : 3ds Max - Vray - Ps - Ae

works@helixd.kr

2018 HELIXD Co. LTD All Right Re

优秀作品

Client:WINTER OLYMPICS PLAYER IDENT

Design: HELIX D

After Effects CC 2018

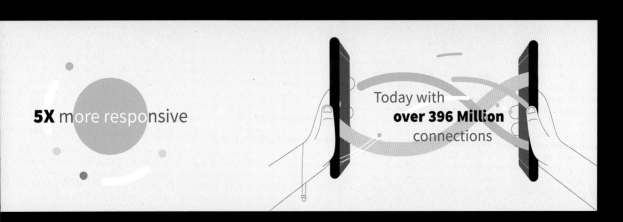

5X more responsive

Today with **over 396 Million** connections

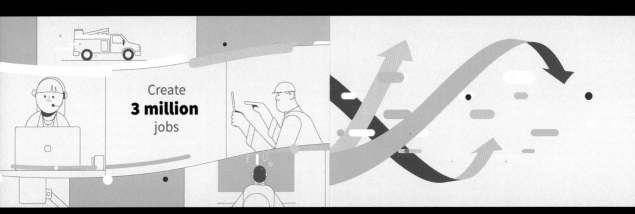

Create **3 million** jobs

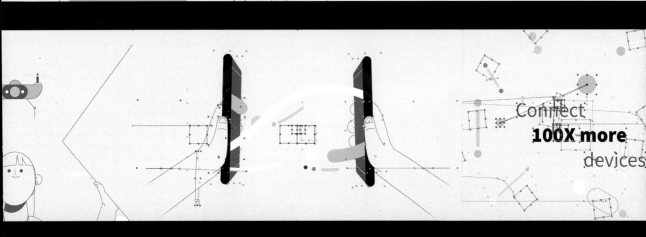

Connect **100X more** devices

优秀作品

Client: CTIA

Design: Tim Pachuau (REMADE)

After Effects
CC 2018

优秀作品
Client:Baker Hughes
Design: Sanu Sagar

After Effects
CC 2018

优秀作品
Client: Nike Battle Force
Design: Yuki Yamada, Joyce Liu, Ariel Costa, Peter Clark,
Sarah Beth Morgan, Tyler Morgan, Jon Riedell

B A T T L E

After Effects
CC 2018

优秀作品
Client:NFL Players Only
Design: Tom Green

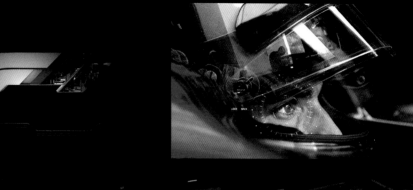

优秀作品

Client: Formula 1 Open
Design: Tom Green

After Effects
CC 2018

优秀作品

Client:Sberbank | Cases

Design: FIBR Film

优秀作品

Client: SBS

Design: HELIX D

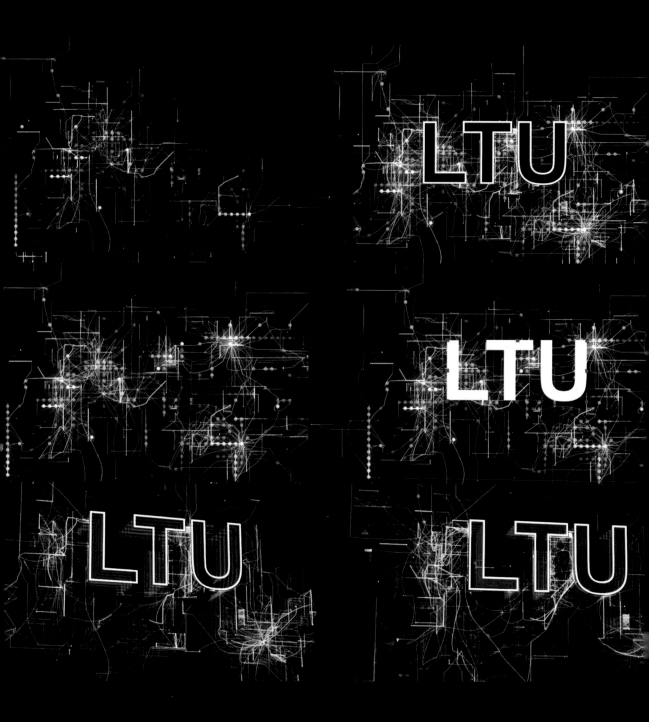

本书案例

方形闪电

AFFLECK

AFFL

本书案例
腐蚀文字

After Effects
CC 2018

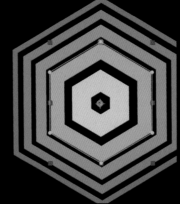
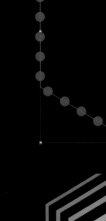

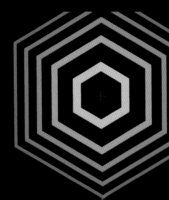

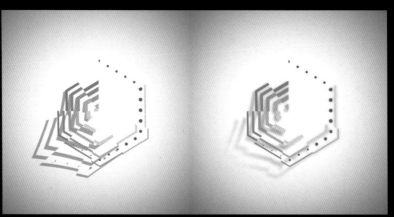

本书案例

动态图形

OBJ

FOR USE WITH TRAPCODE

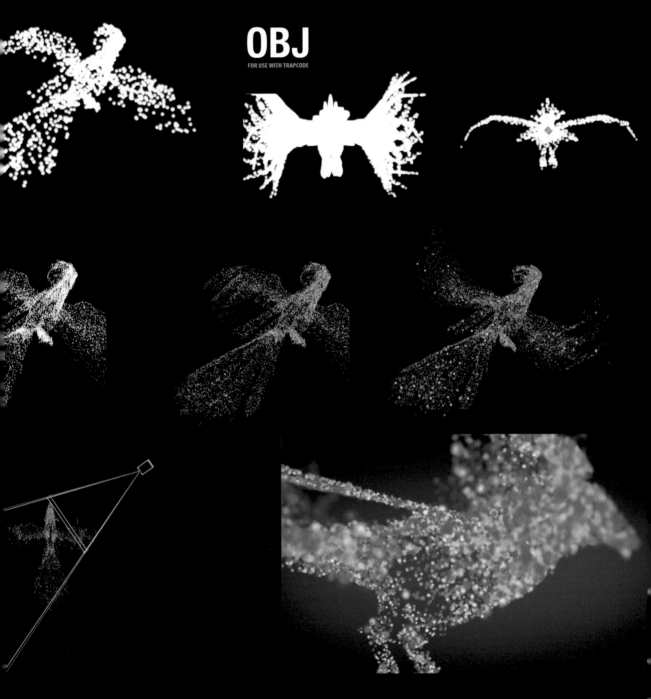

本书案例

OBJ 序列粒子

After Effects
CC 2018

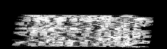

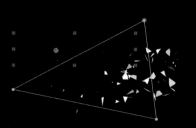

本书案例

扰动文字 & 切割文字

After Effects
CC 2018

秀作品
ent: ARTY
sign: Mart Biemans & Nord Collective

After Effects
CC 2018

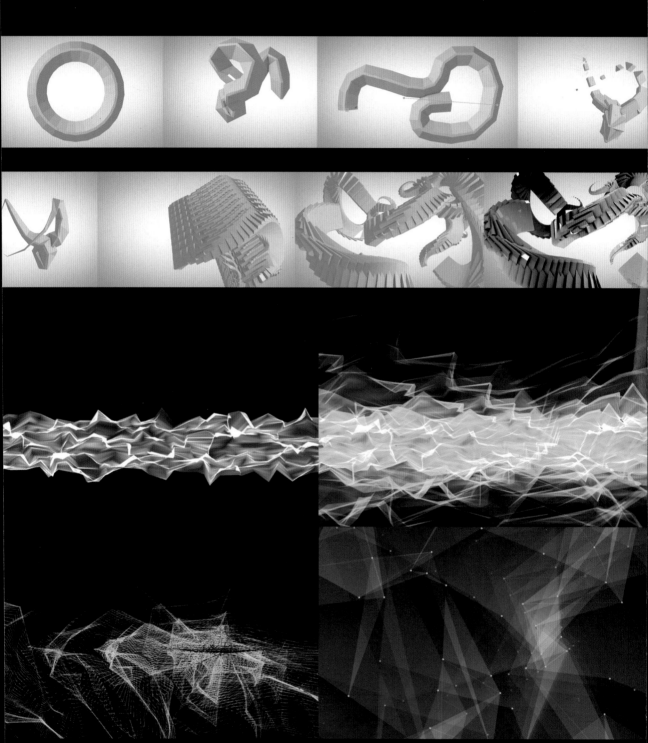

本书案例

TAO 效果插件 & MIR 效果插件

沈洁 铁钟 编著

After Effects CC 2018
高手成长之路

清华大学出版社

北京

内 容 简 介

　　本书的编写目的是让读者尽可能全面地掌握After Effects CC 2018软件的使用方法。书中深入讲解了软件的每个功能和命令，可以作为一本手册随时查阅。实例部分由浅入深，步骤清晰简明、文字通俗易懂，适合不同层次的读者学习。本书还着重介绍了Trapcode RED GIANT效果插件中Particular、Form、Mir、Tao等插件的应用方法。本书配套素材中收录了大量的素材视频，读者可以根据需要练习和使用。

　　本书结构清晰、语言流畅、内容翔实，从各个方面展现了After Effects CC 2018的强大功能，书中的实例突出实用性，适合广大初中级After Effects CC 2018用户阅读，也可以作为高等院校相关专业的教材。

图书在版编目（CIP）数据

After Effects CC 2018高手成长之路 / 沈洁，铁钟编著. -- 北京 ： 清华大学出版社，2019

ISBN 978-7-302-53066-4

Ⅰ．①A… Ⅱ．①沈… ②铁… Ⅲ．①图像处理软件 Ⅳ．①TP391.413

中国版本图书馆CIP数据核字(2019)第098356号

责任编辑：陈绿春
封面设计：潘国文
责任校对：徐俊伟
责任印制：丛怀宇

出版发行：清华大学出版社
　　　　　网址：http://www.tup.com.cn，http://www.wqbook.com
　　　　　地址：北京清华大学学研大厦A座　　　　邮编：100084
　　　　　社总机：010-62770175　　　　　　　　邮购：010-62786544
　　　　　投稿与读者服务：010-62776969, c-service@tup.tsinghua.edu.cn
　　　　　质量反馈：010-62772015, zhiliang@tup.tsinghua.edu.cn
印　装　者：三河市龙大印装有限公司
经　　销：全国新华书店
开　　本：188mm×260mm　　　印　张：16.75　　　插页：8　　　字　数：501千字
版　　次：2019年9月第1版　　　印　次：2019年9月第1次印刷
定　　价：99.00元

产品编号：080565-01

前言

随着数字技术全面进入影视制作行业，After Effects 也以其操作的便捷和功能的强大占据了影视后期软件市场的半壁江山。它作为一款用于制作高端视频特效的专业合成软件，在影视行业中已经得到了广泛的应用。其经过不断的发展，在众多的影视制作后期软件中独具特色。After Effects CC 2018 版本的整体性能较前面的版本又有了前所未有的提升。

本书着重介绍了 Trapcode RED GIANT 效果插件中 Particular 3.1、Form3.1、Mir 以及 Tao 等插件的应用。因为新版本有大量更新，对 Particular 3.1 和 Form3.1 的每个命令都做了详细讲解，并利用实例让读者加深印象。

全书分为 7 章，内容概括如下：

第 1 章：讲解 After Effects 的基础知识。

第 2 章：讲解图层、蒙版、关键帧动画的相关知识。

第 3 章：讲解三维图层、摄像机与灯光的相关知识。

第 4 章：讲解常用内置效果的相关知识。

第 5 章：讲解效果应用案例。

第 6 章：讲解 Trapcode RED GIANT 效果插件。

第 7 章：讲解高级综合案例。

本书的编写目的是让读者尽可能地全面掌握 After Effects CC 2018 软件的应用方法。书中深入讲解了每项功能和命令的使用方法，本书可以作为一本手册随时查阅。实例部分由浅入深，步骤清晰简明、文字通俗易懂，适合不同层次的读者学习。附赠素材中提供了大量的素材视频，读者可以根据需要进行练习和使用。由于作者水平有限，书中难免存在不足之处，敬请各位读者指正，并真诚地欢迎与作者交流，相关问题可以发送电子邮件到 Mayakit@126.com。在本书的编辑过程中得到了陈绿春老师的大力支持，在这里表示感谢。

本书由沈洁、铁钟编著，沈洁编著第 1、2、3、5 和 7 章，铁钟编著第 4 和 6 章。参与编著的人员还有李美蓉、沈永星、陈爱民、焦丽、李婷、周宝四、闫军霞、雷志钦、杜淑霞、孙玉颐、吴雷、彭凯翔、龚斌杰、雷磊、李建平、铁剑心、王文静、刘跃伟、程姣、赵佳峰、程延丽、万聚生、陶光仁、万里、贾慧军、陈勇杰、刁江丽、王建民、赵朝学、宋振敏、李永增。

本书的配套素材包括工程文件、相关视频教程以及赠送的各种素材文件，请扫描右侧的二维码进行下载。

如果在配套素材的下载过程中碰到问题，请联系陈老师，联系邮箱 chenlch@tup.tsinghua.edu.cn。

作者

丁酉年初夏於法明顿

目录 CONTENTS

1.1 自媒体时代

　　自媒体时代的爆炸式发展，让许多并没有从事影视后期的人员接触到了这个专业。不同与以往的发展模式、各种视频编辑软件的推出，让视频编辑变得简单化和智能化，就连 Adobe 公司都在不断地改进软件的 AI 功能，使软件操作的过程更简便，这在 Photoshop 和 After Effects 的一些自动跟踪功能中就可见一斑。受众对于视频内容的接受模式也在发生改变，同时助推了"抖音"等视频作品的传播。新的宣传节点一旦出现，在推出传统广告的基础上，对于自媒体的推广渠道，广告商也是不遗余力的。大量自媒体的出现，使学习影视后期编辑软件的人数大幅增加，如图 1-1 所示。

图 1-1

　　自媒体的特征中最显著的就是平民化，许多自媒体人在一开始都不是从事视频编导专业的人员，但是有趣的创意和独特的视角使他们的视频内容变得非常吸引人。起初这些自媒体大多使用简单的视频编辑软件进行视频剪辑，画面效果自然不尽如人意，但是随着受众的不断积累，自媒体本身也发现节目的制作并不能依靠简单的视频编辑软件来完成，他们觉得为节目制作一个具有吸引力的片头或标题是非常重要的，如图 1-2 所示。

图 1-2

这些图形只需要将简单的画面叠加在一起，加上必要的文字就能制作出一个吸引人的视频标题。这些画面效果是简单的视频编辑软件所做不到的。虽然现在大多数软件的功能也在不断加强，带有各种标题文字模板，但是千篇一律的画面效果并不能满足自媒体的需求，Adobe 公司把大部分可以用到的功能都融入到了自己软件体系中。

首先，需要说明一下 After Effects 是一款什么样的软件，也就是它可以用来做什么？如果你只是需要将手机拍好的视频简单地拼接在一起，你只需要一款简单视频软件就可以做到，这些软件一般都会提供简单的片头模板。如果你需要将专业设备拍摄的视频剪辑在一起，你可以使用 Adobe Premiere 进行操作，我们看到的大部分电视剧都是使用该软件最终剪辑完成的。而如果你需要对视频进行精细处理，例如添加特殊的文字效果，以及对于画面进行精细的调整，那就需要 After Effects 了，需要注意的是 After Effects 并不适合制作较长时间的视频素材，如拍摄大段的素材进行调色，一般使用 Premiere 来进行，或者使用其他的调色软件，如达芬奇（Davinci）等软件进行调整。After Effects 主要用来精细制作后期特效，从某种程度上讲 After Effects 类似于可以处理视频的 Photoshop，我们在制作 CG 动画时，90% 的操作都是在 After Effects

中完成的。同时，After Effects 也能完成影视级的后期特效制作，但大多数电影会使用其他高级后期软件来进行编辑。在影视后期行业飞速发展的今天，影视后期合成软件也有很多，例如 Fusion 和 Nuke 等，如图 1-3 所示。

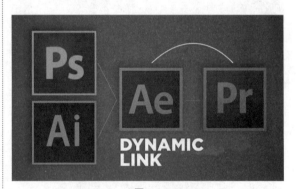

图 1-3

后期合成软件现在主流的操作模式分两种，分别是基于节点的模式和基于图层的模式。两种操作模式都分别有着自己的优点和缺点，其中图层模式的操作比较传统，通过图层的叠加与嵌套，从而对画面进行控制，易于上手，很多软件都采用这种工作方式，例如大家熟知的 Photoshop、Premiere 等，当然这也包括 After Effects；而节点式的操作方式是通过各个节点去传递功能属性，这要求使用者在工作时，必须保持非常清晰的思路，否则会越用越乱，如图 1-4 所示。

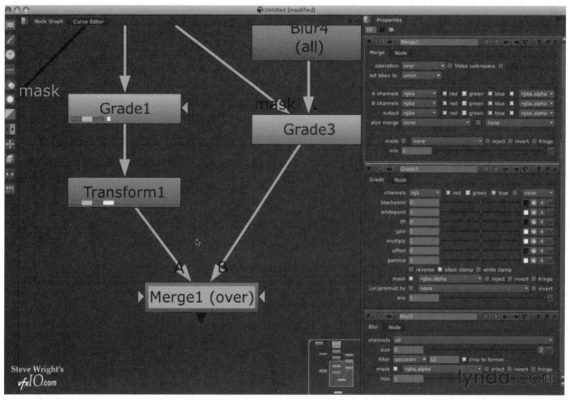

图 1-4

使用 After Effects 来进行后期编辑要比其他同类型软件更容易入门，因为大部分后期制作人员都有一定的 Photoshop 基础，After Effects 几乎可以共享所有 PSD 的工程文件属性，这包括图层融合模式等属性。你可以在 Photoshop 中制作一张分镜头图片，导入 After Effects 中就可以直接制作动画了，如图 1-5 所示。

After Effects 因为是比较流行的后期特效软件，所以有很多商业模板都可以使用，最著名的就是 ENVATO 模板。这些商业模板操作简单，动画和特效都已经做好，只需要具备简单的 After Effects 操作能力就可以进行编辑。同时，也可以使用移动终端作为创意的收集来源，通过 Creative Cloud，共享和使用相关的素材，并最终由桌面工具完成制作，如图 1-6 所示。

图 1-5

图 1-6

1.2　After Effects CC 2018 的新功能

After Effects CC 2018 是该软件的第 15 个版本，由于 Adobe 公司软件的更新模式已经通过云技术随时处理，所以，针对新的版本，我们简单了解一下比较大的更新内容即可，这些内容会在后面的章节中陆续提到。

1.2.1　虚拟现实

虚拟现实（VR）一直是这几年的热点，After Effects 支持 VR 编辑并不算早，带有这样功能的软件早已出现，但是 After Effects 这次对于 VR 的支持是比较全面的。目前支持主流的 VR 设备，包括 Oculus Rift、HTC Vive 和 Windows Mixed Reality。在 After Effects 中可以编辑 360° 全景素材，也可以在项目中使用大量动态转场、效果和标题来编辑和增强沉浸式视频体验。可以在 After Effects 中尝试不同的 VR 工具，所得出的场景将会形成无缝衔接。同时，也支持使用者佩戴头盔操作镜头方向。新版本改进了 VR 平面到球面效果的整体输出质量，因此，将支持更平滑、更锐化的图形边缘渲染，如图 1-7 所示。

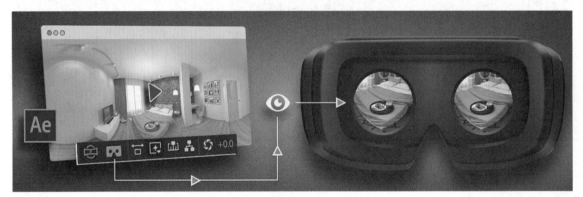

图 1-7

1.2.2　数据驱动动画

在 After Effects 新的版本中，对数据文件驱动动画进行了多项改进，这包括创建图表或图形的数据驱动动画时无须自己编写任何图形。数据驱动动画是使用从各种数据源收集的实时数据创建的，这些数据源驱动着合成中的动画。你可以使用来自多个数据源的数据，数据可以为静态或随时间变化。可以将数据导入 After Effects 项目并将其用作输入，用于对图形、字符、控件视觉效果、电影字幕，以及其他动态图形进行动画制作。

我们可以导入 JSON 数据文件以创建动态图形，然后编辑数据以自动更新图形。软件支持导入 JSON、mgJSON、JSX、CSV、TSV（.tsv 或 .txt）格式数据。每个单独的数据属性都可以应用表达式，表达式将该属性链接到 JSON、CSV 或 TSV 文件中的数据上，在【时间轴】面板中将显示所有数据文件的层次结构。我们还可以编写表达式，将 JSON、CSV 和 TSV 文件中的数据作为图层或作为素材项目引入。在工程文件的素材中有 Adobe 官方提供的工程文件案例，可以看到数据的改变可以直接驱动动画的生成，无须再次进行制作，这种制作方式适用于日常更新数据，需要经常将数据制作成为动画的项目，只需要

将数据输入，最终的动画将会和数据相关联，如图
1-8 所示。

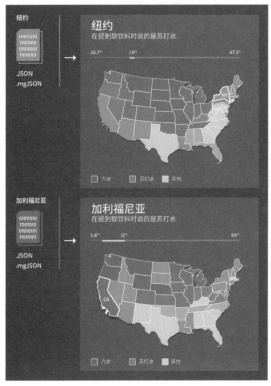

图 1-8

用户可以使用几乎所有可能的来源的数据，如
图 1-9 所示。

● 设备生成的数据文件：来自通过传感器记录活动，

并以不同文件格式对其进行存储的设备（例如，健
身跟踪器）的数据。这是随时间变化的数据，包括
速度、高度、距离、心率，以及用户活动的各种其
他参数。

● 用户生成的静态数据：可以更改以驱动图形的全
局静态数据，例如，调查结果。用户创建的数据
文件可以为全局数据提供工作流程。

● URL：来自网站的实时数据，例如，用户浏览网
页的登录和退出路径。

● 元数据：嵌入在视频文件元数据中的数据。

1.2.3　支持新的文件格式

After Effects CC 2018 支持新的 RAW 文件
格式，这包括 Canon EOS C200 Cinema RAW
Light（.crm）、RED Image Processing Pipeline
（IPP2）（.r3d）和 Sony VENICE X-OCN 4K 4:3
Anamorphic and 6K 3:2（.mxf）等，这些无压缩
的文件格式进一步加强了 After Effects 的高端后期
特效的制作能力。新的版本也开始支持 H.264 的硬
件解码形式，可以利用系统中的硬件解码器，加速
在 Windows 上编辑 H.264 文件格式的过程。但同
时也需要用户的计算机 CPU 支持，由于硬件限制，
每个通道文件仅支持 4:2:0 8-bit。新的版本也加入
了 GIF 动画格式以及 MPEG-1 Audio Layer II 等音
频格式的支持。这些相关的文件格式对于编辑视频
非常重要，我们会在后面的章节中详细讲解。

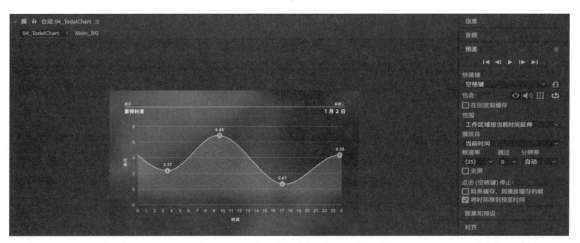

图 1-9

1.2.4 其他

After Effects CC 2018 也改进了【操控点工具】，包括【操控叠加工具】和【操控扑粉工具】，这对于精细地控制操控点动画有着很好的改进。【操控扑粉工具】可以精确地调整【控制范围】和【数量】等参数，如图 1-10 所示。

图 1-10

对【基本图形】面板也做了多项优化与改进，我们会在后面的章节中详细讲解。【基本图形】面板增加了【主属性】功能，用户在编辑图层和效果属性时，可以将一个属性单独提取出来，在【基础图形】面板中赋予新的合成，使用主属性来减少项目的复杂性并节省时间，同时在多个合成中构建复杂的动画，不必再单独打开查看或更改图层属性。当主属性嵌套在另一个合成中时，可以通过主属性访问和编辑合成的图层和效果属性，例如文本、颜色和不透明度。当跨多个合成构建复杂的动画时，可以使用主属性降低项目的复杂性并节省时间。当你将位置、缩放或颜色等属性添加到【基本图形】面板中时，这些属性将在时间轴中显示为可编辑的主属性，无须再分别打开嵌套的合成，以查看或更改图层属性。

新版本软件还有诸多改进，如动态图形模板可以作为项目文件打开，以及【基本图形】面板中二维属性操作和图层的部分改进，在这里就不一一讲述了，部分功能会在后面的章节中详细讲解。

1.3 After Effects CC 2018 工作区

1.3.1 工作界面

在本节中，将系统地认识 After Effects 软件的工作界面，熟悉不同模块的工作流程与工作方式。使用过 Photoshop 等软件的用户对于该流程应不会陌生，而对于刚开始接触这类软件的用户，则会发现 After Effects 的工作流程是多么易学易用。通过初步了解，使我们对 After Effects 有一个宏观的认识，为以后的深入学习打下基础，如图 1-11 所示。

- A（菜单栏）：大多数命令都在这里，将在后面的章节中详细讲解。
- B（工具箱）：同 Photoshop 的工具箱，而且大多数工具的使用方法也类似。
- C（项目）：所有导入的素材都在这里管理。
- D（其他功能面板）：After Effects 有众多控制面板，用于不同的功能，随着工作环境的变化这里的面板也可以进行调整，如果用户不小心关闭了某些面板，可以通过【窗口】菜单重新打开需要的面板。
- E（时间轴）：After Effects 主要的工作区域，动画的制作主要在这个区域完成。
- F（视图观察编辑）：包括多个面板，经常使用的就是【合成】面板，在上方可以切换为【图层】视图模式，这里主要用于观察和编辑最终所呈现的画面效果。

After Effects 中的面板按照用途不同分别包含在不同的框架内，框架与框架间用分隔条分离。如果一个框架同时包含多个面板，将在其顶部显示各个面板的选项卡，但只有处于前端的选项卡所在面板的内容是可见的。单击选项卡，将对应面板显示到最前端。

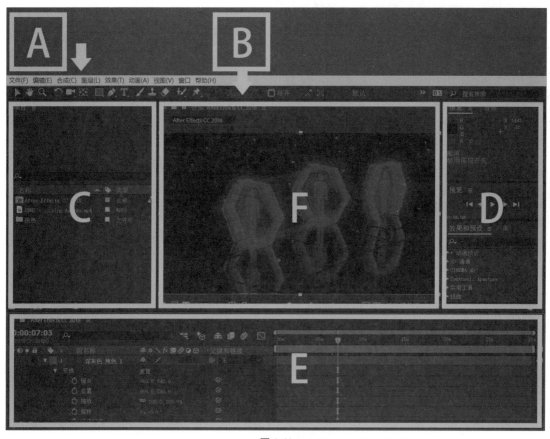

图 1-11

　　下面将以 After Effects CC 默认的标准工作区为例对 After Effects CC 各个界面元素进行详细讲解，如图 1-12 所示。

图 1-12

1.3.2　项目面板

　　在 After Effects 中，【项目】面板提供了一个管理素材的工作区，用户可以很方便地把不同的素材导入，并对它们进行替换、删除、注解、整合等管理操作。After Effects 这种项目管理方式与其他软件不同，例如，用户使用 Photoshop 将文件导入后，生成的是 Photoshop 文档格式，而 After Effects 则是利用项目来保存导入素材所在硬盘的位置，这样使 After Effects 的文件尺寸非常小。当用户改变已导入素材的硬盘保存位置时，After Effects 将要求用户重新确认素材的位置。建议用户使用英文来命名保存素材的文件夹和素材文件名，以避免 After Effects 识别中文路径和文件名时产生错误，如图 1-13 所示。

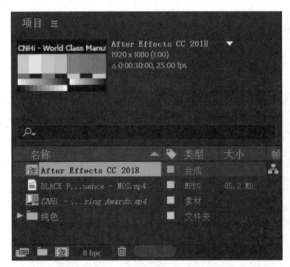

图 1-13

样，在空白处双击，直接导入素材，如图 1-16 所示。

图 1-14　　　　　图 1-15

- ▣：【解释素材】图标用于打开【解释素材】面板，该面板在后面的章节中详细介绍。

- ▣：【新建文件夹】图标是【项目】面板左下角的第二个，它的功能是建立一个新的文件夹，用于管理【项目】面板中的素材，用户可以把同一类型的素材放入相同文件夹中。管理素材与制作是同样重要的工作，当用户在制作大型项目时，将要同时面对大量的视频素材、音频素材和图像素材。合理分配素材将有效提高工作效率，增强团队协作能力。

- ▣：【新建合成】图标是用来建立一个新的合成，单击该图标会弹出【合成设置】对话框。也可以直接将素材拖至该图标上创建一个新的合成。

- 🗑：该图标是用来删除【项目】面板中选中的素材或项目。

在【项目】面板中选择一个素材，在素材的名称上右击，就会弹出素材的设置菜单，如图 1-14 所示。

右击【项目】面板中素材名称后面的小色块，会弹出用于选择颜色的菜单。每种类型的素材都有特定的默认颜色，主要用来区分不同类型的素材，如图 1-15 所示。

在【项目】面板的空白处右击，会弹出关于新建和导入的菜单，用户也可以像操作 Photoshop 一

图 1-16

- 新建合成：创建新的合成项目。
- 新建文件夹：创建新的文件夹，用来分类装载素材。
- 新建 Adobe Photoshop 文件：创建一个新的文件，并保存为 Photoshop 的文件格式。
- 新建 MAXON CINEMA 4D 文件：创建 C4D 文件，这是 After Effects CC 新整合的文件模式。
- 导入：导入新的素材。
- 导入最近的素材：导入最近使用过的素材。

1.3.3　工具

After Effects CC 的工具箱与 Photoshop 的工具箱类似，如图 1-17 所示。通过使用其中工具，可以对画面进行位移、缩放、擦除等操作。这些工具都在【合成】面板中完成操作，按照功能不同分为六大类：操作工具、视图工具、遮罩工具、绘画工具、文本工具和坐标轴模式工具。使用工具时单

击工具箱中的工具图标即可，有些工具必须选中素材所在的图层，工具才能被激活。单击工具右下角的三角形图标可以展开"隐藏"工具，将鼠标放在该工具上方不动，系统会显示该工具的名称和对应的快捷键。如果用户不小心关掉了工具箱，可以在【窗口】→【工作区】子菜单中，选择相应的工作区模式恢复所有的面板。

图 1-17

　　工具箱中的前三个工具——【选取工具】、【手形工具】和【缩放工具】是最常用的通用工具，我们选择和移动图层或者形状都需要使用【选取工具】。

▶ 选取工具

　　【选取工具】主要用于在【合成】面板中选择、移动和调节素材的图层、蒙版、控制点等。【选取工具】每次只能选取或控制一个素材，按住 Ctrl 键的同时单击其他素材，可以同时选中多个素材。如果需要选择连续排列的多个素材，可以先单击起始素材，然后按住 Shift 键单击结尾的素材，这样中间连续的多个素材就被同时选上了。如果要取消某个图层的选取状态，也可以通过按住 Ctrl 键单击该图层来完成。

技巧与提示：

【选取工具】可以在操作时切换，使用【选取工具】时，按 Ctrl 键不放可以将其改变为【画笔工具】，松开 Ctrl 键又回到【选取工具】状态。

🖐 手形工具

　　【手形工具】主要用来调整画面的位置。与【移动工具】不同，【手形工具】不移动素材本身的位置。当图像放大后造成其在面板中显示不完全时，为了方便观察，使用【手形工具】对图像显示区域进行移动，对素材本身位置不会有任何影响。

技巧与提示：

在实际使用时一般不会直接选择【手形工具】使用，在使用其他任何工具时（除输入文字状态），只要按住空格键不放，就能够快速切换为【手形工具】。

🔍 缩放工具

　　【缩放工具】主要用于放大或者缩小画面的显示比例，对素材本身不会有任何影响。选择【缩放工具】，在【合成】面板中按住 Shift 键单击，在素材需要放大部分划出一个灰色区域，释放鼠标，该区域将被放大。如果需要缩小画面比例，按住 Alt 键再单击。【缩放工具】的图标由带 + 号的放大镜变成带 - 号放大镜。也可以通过修改【合成】面板中弹出菜单  100% 中的选项来改变图像显示的比例。

技巧与提示：

【缩放工具】的组合使用方式非常多，熟练掌握会提高操作效率。按 Ctrl 键不放系统会切换为【缩放工具】，放开 Ctrl 键又切换回【缩放工具】。与 Alt 键结合使用，可以在【缩放工具】的缩小与放大功能之间切换。按快捷键 Alt+< 或者 Alt+>，可以快速放大或缩小图像的显示比例，双击工具箱内的【缩放工具】，可以使素材恢复到 100% 的大小，这些操作在实际制作中都会经常使用。

其他工具都是针对相应功能的工具，我们会在对应的章节中讲解。

1.3.4　合成面板

【合成】面板主要用于对视频进行可视化编辑。对视频所做的修改都将在该面板显示出来，【合成】面板显示的内容是最终渲染效果最主要的参考。【合成】面板不仅可以用于预览源素材，在编辑素材的过程中也是不可或缺的。【合成】面板不仅可以用于显示效果，同时也是最重要的工作区域。用户可以直接在【合成】面板中使用【工具箱】中的工具在素材上进行修改，实时查看修改的效果，还可以建立快照，方便对比视频效果。【合成】面板主要用来显示各个图层的效果，而且通过这里可以对图层进行直观的调整，包括移动、旋转和缩放等，对图层使用的滤镜都可以在该面板中显示出来，如图 1-18 所示。

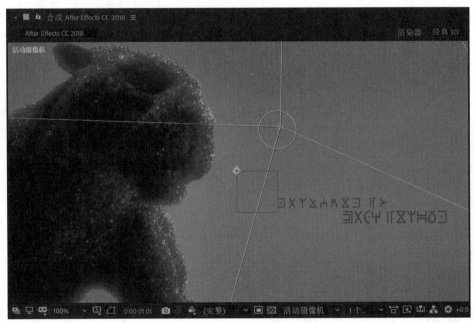

图 1-18

在【合成】面板上方可以进行合成面板、固态层窗口、素材窗口和流程图窗口的切换，合成面板为默认窗口，双击【时间轴】中的素材，会自动切换到素材窗口中，如图 1-19 所示。

图 1-19

下面是合成面板相关功能图标的介绍。

● (65.3%)：该图标用来控制合成图像的缩放比例。单击该图标弹出一个菜单，可以从中选择需要的显示比例，如图 1-20 所示。

● ：该图标为显示安全区域的图标，因为在计算机上所做影片在电视上播放时会将边缘切除一部分，这样就有了安全区域，只要把图像中的重要元素放在安全区域中，就不会被剪掉。该图标可以控制显示或隐藏标题 / 动作安全（线）、网格、参考线等，如图 1-21 所示。

图 1-20

图 1-21

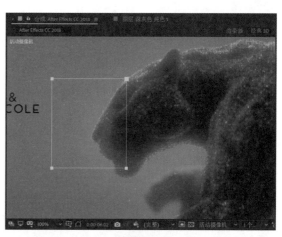

图 1-23

● ：该图标可以显示或隐藏遮罩的显示状态，如图 1-22 和图 1-23 所示。

图 1-24

图 1-22

● 0:00:00:29：这里显示的是合成的当前时间，如果单击该图标，会弹出【转到时间】对话框，在文本框中可以输入精确的时间，如图 1-24 所示。

● ：该图标用于暂时保存当前时间的视频图像效果（快照），以便在更改后进行对比。暂时保存的图像只会存在内存中，并且一次只能暂存一张。

● ：该图标就是用来显示快照的，无论在哪个时间位置，只要按住这个图标不放即可显示最后一次的快照图像。

● ：该图标用于显示通道及色彩管理设置，单击它会弹出菜单，选择不同的通道模式，显示区就会显示出相应通道的效果，从而检查图像的各种通道信息，如图 1-25 所示。

图 1-25

011

● 完整 ▾：在这里可以选择以何种分辨率比例来显示图像，通过降低分辨率，能提高计算机的运行效率，如图 1-26 所示。

图 1-26

技巧与提示：

执行【合成】→【分辨率】命令，也可以设置分辨率。分辨率的大小会直接影响最后影片渲染输出的质量。也可以在【合成】面板中随时修改，如果整个项目很大，建议使用较低的分辨率，这样可以加快预览速度，在输出影片时再调整为【完整】类型分辨率。4 种分辨率图像质量依次递减，用户也可以选择【自定义】选项自定义分辨率。

● ▣：该图标可以在显示区中自定义一个矩形区域，只有矩形区域中的图像才能显示出来。它可以加速影片的预览速度，只显示需要查看的区域，如图 1-27 所示。

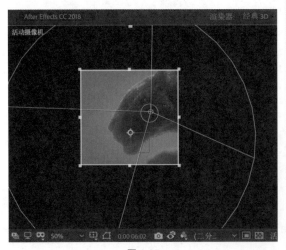

图 1-27

● ▩：该图标可以打开棋盘格透明背景。默认的情况下，背景为黑色，如图 1-28 所示。

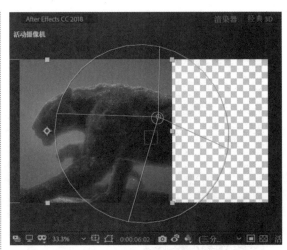

图 1-28

● 活动摄像机 ▾：在建立了摄像机并打开了 3D 图层时，可以通过该图标进入不同的摄像机视图，它的菜单如图 1-29 所示。

图 1-29

● 1 个视图 ▾：这里可以使【合成】面板中同时显示多个视图，如图 1-30 所示，单击该图标弹出菜单。

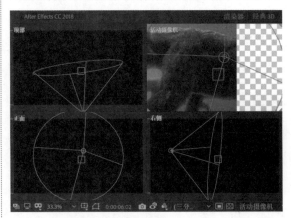

图 1-30

在【合成】面板的空白处右击，可以弹出一个菜单，如图 1-31 所示。

图 1-31

下面对主要的命令进行介绍。

- 新建：用来新建一个【合成】、【固态层】、【灯光】、【摄像机层】等。
- 合成设置：可以打开【合成设置】窗口。
- 在项目中显示合成：可以把合成图层显示在【项目】面板中。
- 重命名：重命名项目。

同时显示在【合成】面板中的还有【素材】窗口，【素材】窗口可以对素材进行编辑，比较常用的就是切入与切出时间的编辑。将素材导入【项目】面板，双击该素材就可以在【素材】窗口中打开，如图 1-32 所示。

图 1-32

1.3.5　时间轴面板

【时间轴】面板是用来编辑素材的最基本面板，主要功能有管理图层的顺序、设置关键帧等，大部分关键帧特效都在这里完成。在该面板中，素材的时间长短、在整个影片中的位置等，都在该面板中显示，特效应用的效果也会在该面板中得以控制，所以，【时间轴】面板是 After Effects 中用于组织各个合成图像或场景元素的最重要工作区域。在后面的章节中我们会详细介绍该面板的使用方法，如图 1-33 所示。

图 1-33

其中左下角的 图标，可以展开或折叠【时间轴】面板中的相关属性。

● ：该图标可以展开或折叠"图层开关"区域，如图 1-34 所示。

图 1-34

● ：该图标可以展开或折叠"转换控制"区域。需要注意的是，"图层开关"和"转换控制"区域是可以用快捷键切换的，快捷键为 F4，反复按下 F4 键可以在两个面板之间进行切换，如图 1-35 所示。

图 1-35

● 该图标可以展开或折叠"入｜出｜持续时间｜伸缩"区域。在这里可以直接调整素材的播放速度，如图 1-36 所示。

图 1-36

1.3.6　其他功能面板

After Effects 界面的右侧，折叠了多个功能面板，这些功能面板都可以在【窗口】菜单中控制显示或者隐藏，可以根据不同的项目，自由调换相关功能面板，下面将介绍一些常用的功能面板。

● 【预览】面板：该面板的主要功能是控制播放素材的方式，用户可以以 RAM 方式预览，使视频播放变得更加流畅，但一定要保证有很大的内存作为支持，如图 1-37 所示。

图 1-37

● 【信息】面板：该面板会显示鼠标所在位置的图像颜色和坐标信息，默认状态下，【信息】面板为空白状态，只有鼠标在【合成】面板和【图层】面板中时才会显示内容，如图 1-38 所示。

● 【音频】面板：该面板可以显示音频的各种信息，包括对声音的级别和级别单位进行控制，如图 1-39 所示。

图 1-38

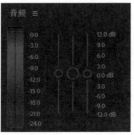

图 1-39

● 【效果和预设】面板：该面板中包括了所有的滤镜效果，如果给某个图层添加滤镜效果，可以直接在这里选择使用，与【效果】菜单的滤镜效果相同。【效果和预设】面板中有【动画预设】选项，是 After Effects 自带的一些成品动画效果，可以供用户直接使用。【效果和预设】面板为我们提供了上百种滤镜效果，通过滤镜我们能对原始素材进行各种方式的调整，创造出惊人的视觉效果，如图 1-40 所示。

● 【字符】面板：该面板中包含了控制文字的相关属性，包括设定文字的大小、字体、行间距、字间距、粗细、上标和下标等，如图 1-41 所示。

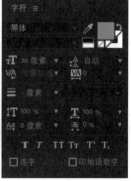

图 1-40　　　　　　　　图 1-41

● 【对齐】面板：该面板可以让对象按某种方式来排列多个图层，如图 1-42 所示。

【对齐】面板主要针对合成中的对象，下面我们来看一下【对齐】面板是如何使用的，首先在 Photoshop 中建立 3 个图层，分别绘制出 3 个不同颜色的图形，如图 1-43 所示。

图 1-42

图 1-43

将文件保存为 PSD 格式文件，然后导入 After Effects 中，【导入种类】选择【合成】，在【图层选项】中选择【可编辑的图层样式】，如图 1-44 所示。

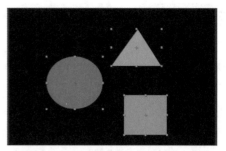

图 1-45

图 1-44

在【项目】面板中双击导入的合成文件，可以在【时间轴】面板中看到这三个图层。在【合成】面板中选中 3 个图层，然后单击【对齐】面板中的对齐控制按钮即可，如图 1-45 和图 1-46 所示。

图 1-46

1.4 After Effects 工作流程

在本节中，我们将系统了解 After Effects CC 2018 这款软件的基本工作流程，包括素材的导入、合成设置、图层与动画的概念、视频的导出和一些能够优化工作环境的相关知识，通过本节的学习，大家能够初步熟悉软件的操作，为后续章节深入地学习奠定基础。

1.4.1 导入素材

【文件】子菜单中的【导入】命令，主要用于导入素材，其中包括 5 种不同的导入素材形式，如图 1-47 所示。After Effects 并不是真的将源文件复制到项目中，只是在项目与导入文件之间创建一个文件替身。After Effects 允许用户导入的素材范围非常宽广，对常规视频、音频和图像文件格式支持率很高。特别是对 Photoshop 的 PSD 文件，After Effects 提供了多图层选择导入功能，可以针对 PSD 文件中的图层关系，选择多种导入模式。

图 1-47

- 文件 ... : 导入一个或多个素材文件。执行【文件 ...】命令，弹出【导入文件】对话框，选中需要导入的文件，单击"导入"按钮，素材将被作为一个素材导入项目，如图 1-48 所示。
- 多个文件 ... : 多次导入一个或多个素材文件。单击【导入】按钮，可以结束导入操作，如图 1-49 所示。

图 1-48

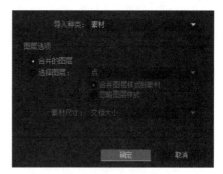

图 1-50

图 1-51

图 1-49

当用户导入 Photoshop 的 PSD 文件和 Illustrator 的 AI 文件时，系统会保留图像的所有信息。用户可以将 PSD 文件以合并图层的方式导入 After Effects 项目中，也可以单独导入 PSD 文件中的某个图层，这也是 After Effects 的优势所在，如图 1-50 所示。

用户也可以将一个文件夹导入项目。单击"导入文件"对话框中的【导入文件夹】按钮，导入整个文件夹，如图 1-51 所示。

有时素材以图像序列帧的形式存在，这是一种常见的视频素材保存形式，文件由多个单帧图像构成，快速浏览时可以形成动画效果，这也是视频播放的基本原理。图像序列帧的命名是连续的，用户在导入文件时不必选中所有文件，只需要选中首个文件，并勾选对话框中的导入序列选项（如【JPEG 序列】、【Targa 序列】等）即可，如图 1-52 所示。

图 1-52

图像序列帧的命名方法是有一定规范的，对于不是非常标准的序列文件来说，用户可以按字母顺序导入序列文件，勾选【强制按字母顺序排列】复选框即可，如图 1-53 所示。

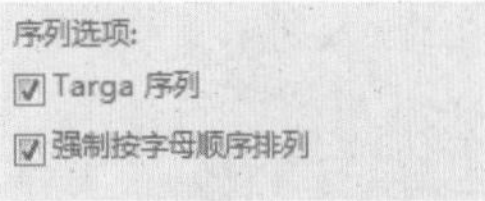

序列选项：
☑ Targa 序列
☑ 强制按字母顺序排列

图 1-53

技巧与提示：

在导入序列帧时，需要注意【导入文件】对话框中的【Targe 序列】选项前是否被勾选，如果是未勾选状态，After Effects 将只导入单张静态图片。如果用户多次导入图片序列都取消【Targe 序列】选项的被勾选状态，After Effects 将记住用户这一习惯，保持【Targe 序列】处于非勾选状态。【Targe 序列】选项下还有一个【强制按字母顺序排列】选项，该选项可以强制按字母顺序排序文件。默认状态下为非勾选状态，如果勾选该选项，After Effects 将使用占位文件来填充序列中缺失的所有静态图像。例如，一个序列中的每张图像序列号都是奇数，勾选【强制按字母顺序排列】选项后，偶数号静态图像将被添加为占位文件。

● 占位符 ...：导入占位符。

当需要编辑的素材还没制作完成，用户可以建立一个临时素材来替代真实素材进行处理。执行【文件】→【导入】→【占位符 ...】命令，弹出【新占位符】对话框，用户可以设置占位符的名称、大小、帧速率以及持续时间等，如图 1-54 所示。

当用户打开一个 After Effects 项目时，如果素材丢失，系统将以占位符的形式来代替素材，占位符以静态的颜色条显示。用户可以对占位符应用遮罩、滤镜效果和几何属性，进行各种必要的编辑工作，当用实际的素材替换占位符时，对其进行的所有编辑操作都将转移到该素材上，如图 1-55 所示。

在【项目】面板中双击占位符，弹出【替换素材文件】对话框，在该对话框中查找并选择所需的

真实素材，然后单击 OK 按钮，在【项目】面板中，占位符被指定的真实素材替代。

图 1-54

图 1-55

1.4.2 合成设置

After Effects 的正式编辑工作必须在一个合成中进行，合成类似于 Premiere 中的序列，我们需要新建一个合成，并且设定一些相关的参数，才能真正开始编辑工作。需要注意的是，当启动 After Effects 时，系统会默认建立一个项目，也就是 APE 格式的项目文件，一个项目就是一段完整的影片。如果新建了一个项目，当前项目就会被关闭。

一个项目中可以创建多个合成，合成内也可以再次创建多个合成，合成就是带有文件夹属性的影片形式，所有的图层都被包含在一个个的合成中。执行【合成】→【新建合成】命令（快捷键为 Ctrl+N）即可创建合成，此时会弹出【合成设置】对话框，如图 1-56 所示。

图 1-56

- 合成名称：对合成进行命名，方便后期合成的管理。
- 预设：针对一些特定的平台 After Effects 做了一系列的预先设置，如图 1-57 所示，在这里可以根据视频需要投送的平台选择相应的预设，当然可以不选择预设，自定义合成设置。目前各国的电视制式不尽相同，制式的区分主要在于其帧频（场频）、分辨率、信号带宽、载频、色彩空间的转换关系不同等。世界上现行的彩色电视制式有三种：NTSC（National Television System Committee）制（简称 N 制）、PAL（Phase Alternation Line）制和 SECAM 制。

- 宽度：设置视频的宽度，单位为像素。
- 高度：设置视频的高度，单位为像素。
- 锁定长宽比为 16:9（1.78）：勾选该选项后，调整视频的宽度或者高度时，另外一个参数会根据长宽比进行相应的变化。
- 像素长宽比：该下拉列表用来设置像素的长宽比，计算机默认的像素是正方形像素，但是电视等其他平台的像素并不是正方形像素而是矩形的，这里要根据影片的最终投放平台来选择相应的长宽比。不同制式的像素比是不同的，在计算机显示器上播放像素比是 1:1，而在电视上，以 PAL 制式为例，像素比是 1:1.07，这样才能保持良好的画面效果。如果用户在 After Effects 中导入的素材是由 Photoshop 等其他软件制作的，一定要保证像素比的一致。在建立 Photoshop 文件时，可以对像素比进行设置，该下拉列表如图 1-58 所示。

图 1-57

- 帧速率：该参数用来设置单位时间内，视频刷新的画面数，我国使用的电视制式是 Pal 制，默认帧速率是 25 帧，欧美地区用的是 NTSC 制，默认帧速率为 29.97 帧。我们在三维软件中制作动画时就要注意影片的帧速率，After Effects 中如果导入素材与项目的帧速率不同，会导致素材的时间长度发生变化。

● 分辨率：该下拉列表用来指定预览的画质，通过降低分辨率，可以提高预览画面的速度，该下拉列表如图 1-59 所示。

图 1-58   图 1-59

● 开始时间码：设置合成开始的时间点，默认为 0，如图 1-60 所示。

图 1-60

● 持续时间：设置合成的长度，这里的数字从右到左依次表示帧、秒、分、时，如图 1-61 所示。

图 1-61

单击【确定】按钮，合成创建完毕，之后【时间轴】窗口会被激活，用户可以开始编辑合成工作了，如图 1-62 所示。

图 1-62

1.4.3 图层

Adobe 公司发布的图形软件中，都对图层的概念有着很好的诠释，本书大部分读者都有使用 Photoshop 或 Illustrator 的经历。在 After Effects 中图层的概念与之大致相同，只不过 Photoshop 中的图层是静止的，而 After Effects 的图层大部分是用来实现动画效果的，所以，与图层相关的大部分命令都是在为了使图层的动画效果更加丰富。After Effects 的图层所包含的元素远比 Photoshop 的图层所能包含得丰富，不仅是图像素材，还包括了声音、灯光、摄影机等。即使读者是第一次接触到这种处理方式，相信也能很快上手。我们在生活中见过一张完整图片，放到软件中处理时都会将画面上不同的元素分到不同的图层。

例如一张人物风景图，远处的山是远景，所以放在远景层，中间湖泊是中景，放在中景层，近处人物是近景，放在近景层。为什么要把不同元素分开，而不是统一放到一个图层呢？这样的好处在于给作者更大空间去调整素材之间的关系。当作者完成一个作品后发现人物和背景的位置不够理想时，传统绘画只能重新绘制，不可能把人物部分剪下来贴到另一个位置去。而在 After Effects 软件中，各种元素是分图层中，当发现元素位置搭配不理想时，可以任意调整。特别是在影视动画制作过程中，如果将所有元素放在一个图层中，工作量是十分巨大的。传统制作动画片的方式是将背景和角色都分别绘制在一张透明的塑料片上，然后叠加上去进行拍摄，After Effects 软件中使用图层的概念就是从这里来的，如图 1-63 所示。

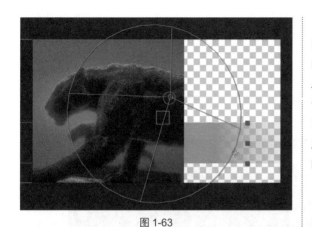

图 1-63

在 After Effects 中，图层相关的操作都在【时间轴】面板中进行，所以图层与时间轴是相互关联的，所有影片的制作都建立在对素材的编辑上，After Effects 中，图像、视频、摄像机、灯光和声音都以图层的形式在【时间轴】面板中出现，图层以堆栈的形式排列，灯光和摄像机一般会在所有图层的顶部，因为它们要影响下面的图层，位于顶部的摄像机将是视图的观察视角，如图 1-64 所示。

图 1-64

1.4.4　关键帧动画

动画是基于人的视觉原理来创建的运动图像。当我们观看一部电影或电视画面时，我们会看到画面中的人物或场景都是自然顺畅播放的，而将播放速度降低后，再仔细观看画面，却发现是一格格的单幅画面。之所以看到顺畅的画面，是因为人的眼睛会产生"视觉暂留"，对上一个画面的感知还没消失时，下一个画面又出现了，这就会给人以运动的感觉。在短时间内观看一系列相关联的静止画面时，就会将其视为连续的动画。

关键帧是一个从动画制作中引入的概念，即在不同时间点对对象属性进行调整，而时间点之间的变化由计算机生成。我们制作动画的过程中，要首先制作能表现出动画主要意图的关键动作，这些关键动作所在的帧，就叫作"动画关键帧"。制作二维动画时，由动画师画出关键动作，由助手填充关键帧之间的动作。在 After Effects 中则是由计算机帮助完成这一烦琐的过程，如图 1-65 所示。

图 1-65

1.4.5 视频导出设置

当视频制作完成后，就需要进行视频的导出工作了。After Effects 支持多种常用格式文件的输出操作，并且有详细的输出设置选项，通过合理的设置，能输出高质量的视频。执行【合成】→【添加到渲染列队】命令（快捷键为 Ctrl+M）将制作好的合成添加到渲染列队中，准备进行渲染导出工作。【时间轴】面板会自动转换成【渲染列队】面板，如图 1-66 所示。

图 1-66

单击【输出模块】右侧的蓝色文字【无损】，弹出【输出模块设置】对话框，如图 1-67 所示。

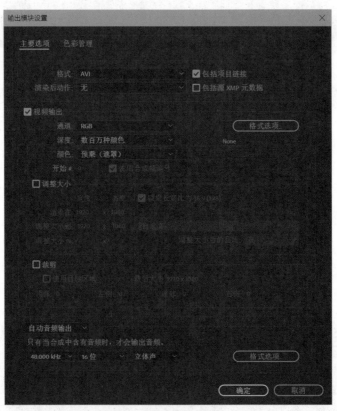

图 1-67

● 格式：在该下拉列表中可以选择输出的视频格式。我们经常输出的是 AVI 和 QuickTime 两种格式，如图 1-68 所示。

图 1-68

熟悉常见的视频格式是后期制作的基础，下面介绍 After Effects 相关的视频格式。

AVI 格式

AVI 格式的英文全称为 Audio Video Interleave，即音频视频交错格式。它于 1992 年被 Microsoft 公司推出，随 Windows 3.1 一起被人们所认识和熟知。所谓"音频视频交错"，就是可以将视频和音频交织在一起并同步播放。这种视频格式的优点是图像质量好，可以跨平台使用，其缺点是文件体积过于庞大，而且压缩标准不统一，它是一种 After Effects 常见的输出格式。

MPEG 格式

MPEG 格式英文全称为 Moving Picture Expert Group，即运动图像专家组格式。MPEG 文件格式是运动图像压缩算法的国际标准，它采用了有损压缩方法，从而减少运动图像中的冗余信息。MPEG 的压缩方法说的更加直白，就是保留相邻两幅画面绝大多数相同的部分，而把后续图像中和前面图像有冗余的部分去除，从而达到压缩的目的。目前常见的 MPEG 格式有 3 个压缩标准，分别是 MPEG-1、MPEG-2 和 MPEG-4。

（1）MPEG-1：制定于 1992 年，它是针对 1.5Mbps 以下数据传输率的数字存储媒体运动图像及其伴音编码而设计的国际标准。也就是我们通常所见到的 VCD 制作格式。这种视频格式的文件扩展名包括 .mpg、.mlv、.mpe、.mpeg 及 VCD 光盘中的 .dat 文件等。

（2）MPEG-2：制定于 1994 年，设计目标为高级工业标准的图像质量以及更高的传输率。这种格式主要应用在 DVD/SVCD 的制作（压缩）方面，同时在一些 HDTV（高清晰电视广播）和一些高要求视频编辑、处理上也有相当的应用。这种视频格式的文件扩展名包括 .mpg、.mpe、.mpeg、.m2v 及 DVD 光盘上的 .vob 文件等。

（3）MPEG-4：制定于 1998 年，MPEG-4 是为了播放流式媒体的高质量视频而专门设计的，它可利用很窄的带度，通过帧重建技术，压缩和传输数据，以求使用最少的数据获得最佳的图像质量。MPEG-4 最有吸引力的地方在于它能够保存接近于 DVD 画质的小体积视频文件。这种视频格式的文件扩展名包括 .asf、.mov、DivX 和 AVI 等。

MOV 格式

MOV 格式是美国 Apple 公司开发的一种视频格式，默认的播放器是苹果的 Quick Time Player。其具有较高的压缩比率和较完美的视频清晰度等特点，但是其最大的特点还是跨平台性，即不仅能支持 MAC 平台，同样也能支持 Windows。这是一种 After Effects 常见的输出格式，可以得到文件很小，但画面质量很高的影片。

ASF 格式

ASF 格式的英文全称为 Advanced Streaming format，即高级流格式。它是微软公司为了和当时的 Real Player 竞争而推出的一种视频格式，用户可以直接使用 Windows 自带的 Windows Media Player 对其进行播放。由于它使用了 MPEG-4 的压缩算法，所以压缩率和图像的质量都很不错。

技巧与提示：

After Effects 除了支持 WAV 的音频格式，还支持常见的 MP3 格式，可以将该格式的音乐素材导入使用。在选择影片存储格式时，如果影片要上线播出使用，一定要保存为无压缩的格式。

● 渲染后动作：在该下拉列表中选择不同的选项，可以将渲染完的视频作为素材或者作为代理带入 After Effects 中，如图 1-69 所示。

图 1-69

● 通道：该选项可以设置视频是否带有 Alpha 通道，但只有特定的格式才能设置，如图 1-70 所示。

图 1-70

● 格式选项：单击该按钮，在弹出的【QuickTime 选项】对话框中，可以详细设置视频的编码、码率等属性，如图 1-71 所示。

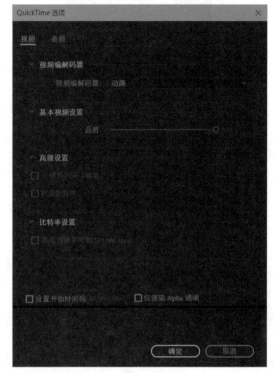

图 1-71

● 调整大小：勾选该选项，可以设置视频输出后的尺寸，这里默认输出的是合成原大小，勾选后可以进行自定义设置，如图 1-72 所示。

图 1-72

● 裁剪：勾选该选项，可以定义画面裁剪后的尺寸，如图 1-73 所示。

图 1-73

● 自动音频输出：选中该选项后，进行输出音频的相关设置，如图 1-74 所示。

图 1-74

完成视频输出模块设置后，单击【确定】按钮，回到渲染列队；单击 输出到：「 』 指定输出文件的位置。单击【渲染】按钮，即可开始渲染工作，在渲染结束时会有声音提示，如图 1-75 所示。

图 1-75

> **技巧与提示：**
>
> 在选择输出模式后，不要轻易改变输出格式的设置，除非你非常熟悉该格式设置的方法，必须修改设置才能满足播放的需要，否则细微地修改就可能影响到播出时的画面质量。每种格式都对应的播出设备，各种参数的设定也都是为了满足播出的需要。不同的操作平台和不同的素材都对应不同的编码解码器，在实际的应用中选择不同的压缩输出方式，将会直接影响到整部影片的画面效果。所以，选择解码器时一定要注意不同的解码器对应不同的播放设备，在共享素材时一定要确认对方可以正常播放。彻底的解决方法就是连同解码器一起传送过去，可以避免因解码器不同而造成的麻烦。

1.4.6　高速运行

After Effects 的运行对计算机有比较高的要求，制作工程项目过于复杂、计算机配置相对较差，都会影响工作效率。通过一些简单的设置，则可以提高软件运行的效率。

执行【编辑】→【首选项】→【媒体和磁盘缓存...】命令，弹出【首选项】对话框（在该对话框中的设置可以更改软件的默认选项，请谨慎修改），这里可以设置 After Effects 的缓存目录，建议缓存文件夹设置在 C 盘（系统盘）之外的一个空间较大的磁盘分区中，如图 1-76 和图 1-77 所示。

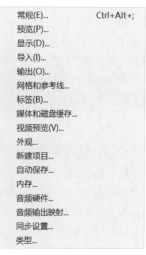

图 1-76

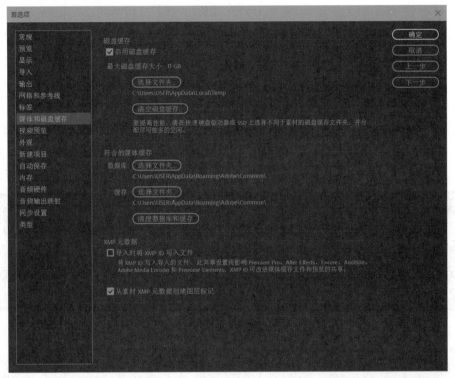

图 1-77

After Effects 工作一段时间后会产生大量的缓存文件，从而影响软件的工作效率。经常清理缓存，能提高软件的工作效率；执行【编辑】|【清理】|【所有内存与磁盘缓存 ...】命令，能清理 After Effects 运行产生的缓存文件，释放内存与磁盘缓存。如果正在预览内存渲染中的画面，则不要清理，否则画面会自动消失，如图 1-78 所示。

图 1-78

1.5 After Effects 的基本操作流程实例

下面通过一个简单的操作流程实例，讲解从素材导入，制作简单的动画效果，到最后的文件输出，通过该实例让初学者对后期制作软件有一个基本的认识。任何一个复杂操作都不能跳过这一流程，因此掌握 After Effects 的导入、编辑和输出方法将为我们今后的具体工作打下坚实基础。

01 执行【文件】→【新建】→【新建项目】命令，创建一个新的项目。与旧版本不同，当 After Effects 打开时，默认建立了一个新的项目，不过该项目内是空的。

02 执行【合成】→【新建合成】命令，弹出【合成设置】对话框，此处对新建合成进行设置。一般需要对合成视频的尺寸、帧速率、时间长度做预设置。在【预设】下拉列表中选中 PAL D1/DV 选项，相关的参数设置也会跟随改变，如图 1-79 所示。

图 1-79

03 单击【合成设置】对话框中的【确定】按钮，建立一个新的合成。执行【文件】→【导入】→【文件 ...】命令，选择素材文件中【工程文件】对应章节的 4 张图片素材，将其导入【项目】面板中，如图 1-80 所示。

图 1-80

04 此时会看到，在【项目】面板中添加了 4 个图片文件，按 Shift 键同时选中 4 个文件，将其拖入【时间轴】面板，图像将被添加到合成中，如图 1-81 所示。

图 1-81

05 有时导入的素材和合成的尺寸不同，就要将其调整到适合画面的大小。选中需要调整的素材，按快捷键

Ctrl+Alt+F，图像会自动与合成的尺寸匹配，但同时也会拉伸素材。按快捷键 Ctrl+Alt+Shift+G，将素材强制性地与合成的高度对齐，如图1-82和图1-83所示。

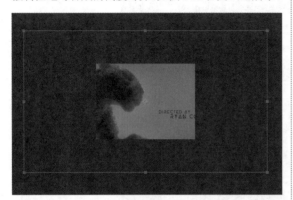

图 1-82

图 1-83

06 在【合成】面板中单击▣（安全区域）图标，弹出菜单，如图1-84所示。

图 1-84

07 选中【标题 / 动作安全】选项，显示安全区域，如图1-85所示。

图 1-85

技巧与提示：

无论是初学者还是专业人士，打开安全区域是一个非常重要且必需的操作过程。两个安全框分别是"标题安全"和"动作安全"，影片的内容一定要保持在"动作安全"框以内，因为在电视播放时，屏幕将不会显示安全框以外的图像，而画面中出现的文字一定要保持在"标题安全"框内。

08 下面要做一个幻灯片播放的简单效果，每秒播放一张图片，最后一张图片渐隐淡出。为了准确地设置时间，按快捷键 Alt+Shift+J，弹出【转到时间】对话框，将数值改为 0:00:01:00，如图1-86所示。

图 1-86

09 单击【确定】按钮，【时间轴】面板中的时间指示器会调整到 01s（秒）的位置，如图1-87所示。

技巧与提示：

这一步也可以用鼠标拖曳完成，选中时间指示器并移动到合适的位置，但是在实际的制作过程中，对时间的控制需要相对准确，所以，在【时间轴】面板中的操作尽量使用快捷键，这样可以使画面与时间准确对应。

图 1-87

10 选中 Black_A.jpg 素材所在的图层，按］（右中括号）键。需要注意的是，按下快捷键的时候不要在中文输入法状态下，这样会造成按键无效。设置素材的出点在时间指示器所在的位置，也可以使用鼠标完成这一操作，选中素材图层，拖曳鼠标调整到时间指示器所在的位置，如图 1-88 所示。

图 1-88

11 依照上述步骤，每间隔一秒，将素材依次排列，Black_D.jpg 素材不用改变其位置，如图 1-89 所示。

图 1-89

12 将时间指示器调整到 4s 的位置，选中素材 Black_D.jpg，单击 Black_D.jpg 前的三角形图标▶，展开素材的【变换】属性，如图 1-90 所示。

图 1-90

13 单击【变换】旁的三角形图标▶，可以展开该素材的【变换】属性（每个属性都可以制作相应的动画效果），如图 1-91 所示。

图 1-91

14 下面制作使素材 Black_D.jpg 渐渐消失的效果，也就是改变其【不透明度】属性。单击【不透明度】属性前的码表图标 ，这时时间指示器所在的位置会在【不透明度】属性上添加一个关键帧，如图 1-92 所示。

图 1-92

15 移动时间指示器到 0:00:04:00 的位置，然后调整【不透明度】属性的数值为 0%，同样时间指示器所在的位置会在【不透明度】属性上添加另一个关键帧，如图 1-93 所示。

图 1-93

技巧与提示：

当我们按下码表图标后，After Effects 将自动记录我们对该属性的调整并创建关键帧。再次单击码表图标将取消关键帧设置。调整属性中的数值有两种方式，第一种，直接单击数值，数值将可以被修改，在文本框中输入需要的数值；第二种，当鼠标移动到数值上时，按住右键并拖动，即可以滑动的距离调整数值。

16 单击【预览】面板中的▶（RAM 预览）按钮，预览影片。在实际的制作过程中，制作者会反复预览影片，以保证每一帧都不会出错。预览影片没有什么问题就可以输出了。执行【合成】→【添加到渲染队列】命令，或者按快捷键 Ctrl+M，弹出【渲染队列】对话框。如果是第一次输出文件，After Effects 将要求指定输出文件的保存位置，如图 1-94 所示。

图 1-94

17 与 After Effects 6.5 之前版本不同，新软件的【渲染队列】对话框会和【时间轴】面板显示在同一个区域中。单击【输出到】选项旁边的文件名，可以选择保存路径，然后单击【渲染】按钮，完成输出。【渲染队列】对话框中的其他设置会在以后的章节中详细讲解。

　　输出影片的文件有各种格式，但都不能保存 After Effects 中编辑的所有信息，如果以后还需要编辑该文件，要保存为 After Effects 自身的格式——AEP（After Effects Project）格式，但该格式只保存了 After Effects 对素材编辑的命令和素材所在位置的路径，也就是说，如果把保存好的 AEP 文件改变了路径，再次打开时软件将无法找到原有素材。如何解决这个问题呢？【渲染队列】命令可以把所有的素材收集到一起，非常方便。下面就把上一个实例中的文件收集并保存。执行【文件】→【整理工程（文件）】→【收集文件 ...】命令，如果你没有保存文件，会弹出 After Effects 警告对话框，提示项目必须先保存，单击【保存】按钮进行保存，如图 1-95 所示。

图 1-95

18 弹出【收集文件】对话框，如图 1-96 所示，收集后的文件大小会在该对话框中显示。要注意存放文件的硬盘分区是否有足够的空间，这点很重要。因为编辑后的所有素材会变得很多，一个 30s 的复杂特效影片文件将会占用 1GB 左右的硬盘空间，高清影片或电影将会更庞大，准备一块海量的硬盘很必要。该对话框的设置方法如下。

图 1-96

- 收集源文件：在该下拉列表中选择要收集的文件范围。
  - » 全部：收集所有的素材文件，包括未使用的素材文件及代理文件。
  - » 对于所有合成：收集应用于任意项目合成中的所有素材文件及代理文件。
  - » 对于选定合成：收集当前选定的合成影像（在【项目】面板中选定）中的所有素材文件及代理文件。
  - » 对于队列合成：收集直接或间接应用于任意合成中的素材文件及代理文件，并且该合成处于渲染队列中。

- » 无（仅项目）：将项目复制到一个新的位置，而不收集任何的源素材。
- 仅生成报告：是否在收集的文件中复制文件和代理文件。
- 服从代理设置：是否在收集的文件中包括当前的代理文件设置。
- 减少项目：是否在收集的文件中直接或者间接地删除所选定合成中未曾使用过的项目。
- 将渲染输出为：是否在收集的文件中指定文件夹定位渲染文件的输出模数。
- 启用"监视文件夹"渲染：是否启动监视文件夹在网上进行渲染。
- 完成时在资源管理器中显示收集的项目：收集完成后打开文件所在位置的资源管理器。
- 注释...：单击该按钮，弹出【注释】对话框，为项目添加注解，该注解将显示在项目报表中。
- 收集：单击该按钮，系统会创建一个新的文件夹，用于保存项目的新副本、所指定素材文件的多个副本、所指定的代理文件、渲染项目所必需的文件、效果及字体的描述性报告。通过这个简单的实例，我们学习了如何将素材导入 After Effects、编辑素材的属性、预览影片效果，以及最后输出成片的方法。

本章将详细介绍 After Effects 二维动画创建的概念与应用方法。创建动画一切的操作都围绕图层展开，图层不仅与动画时间紧密相连，也是调整画面效果的关键。遮罩是控制画面效果的必要手段，灵活运用遮罩可以制作出复杂的动画效果。对【操控点】工具的使用，也是我们制作 MG（Motion Graphics）动画的关键。本章还会详细讲解如何把制作好的动画和特效通过【基本图形】工具传递给 Premiere 进行再次调整。熟悉和掌握相关的二维概念是学习 After Effects 的基础。

2.1　图层的基本概念

Adobe 公司的图形软件中都对图层的概念有着很好的诠释，大部分读者都有使用 Photoshop 或 Illustrator 的经历，在 After Effects 中图层的概念与之大致相同，只不过 Photoshop 中的图层是静止的，而 After Effects 中的图层可以用来实现动画效果，所以，与图层相关的大部分命令都在使动画效果更加丰富。After Effects 的图层包含的元素远比 Photoshop 的图层丰富，不仅有图像素材，还包括了声音、灯光、摄影机等。即使读者是第一次接触这种处理方式，也能很快上手。我们在生活中见到的一张完整图片，放到软件中处理时都会将画面上不同的元素分置到不同的图层中。

例如一张人物风景图，远处的山是远景，放在远景层，中间的湖泊是中景，放在中景层，近处的人物是近景，放在近景层。为什么要把不同的元素分开而不是统一到一个图层中呢？这样做的好处在于，给作者更大的空间去调整素材之间的关系。当作者完成一幅作品后发现人物和背景位置不够理想时，传统绘画只能重新绘制，而不可能把人物部分剪下来贴到其他位置。而在 After Effects 软件中，各种元素是分图层的，当发现元素位置搭配不理想时，可以任意调整。特别是在影视动画制作过程中，如果将所有元素放在一个图层中，动画处理的工作量是十分巨大的。制作传统动画片时，将背景和角色都绘制在不同的透明塑料片上，然后叠加拍摄，在软件中使用图层的概念就是从这里来的，如图 2-1 和图 2-2 所示。

第 2 章

二维动画

图 2-1

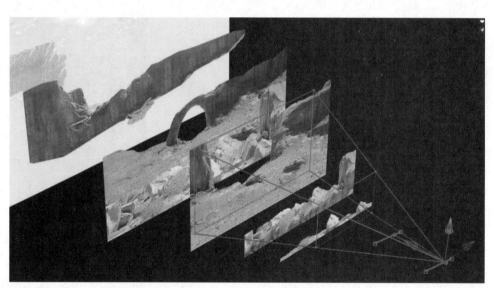

图 2-2

　　在 After Effects 中与图层相关的操作都在【时间轴】面板中进行，所以图层与时间是相互关联的，所有影片的制作都建立在对素材的编辑上，After Effects 中的素材、摄像机、灯光和声音都以图层的形式在【时间轴】面板中出现，并以堆栈的形式排列，灯光和摄像机一般会在所有图层的最上方，因为它们要影响下面的图层，位于上方的摄像机是视图的观察视角，如图 2-3 所示。

图 2-3

2.1.1　图层的类型

用户可以在【图层】菜单中创建新的图层，但必须激活【时间轴】面板，否则菜单的相应选项是灰色的。进入【图层】→【新建】子菜单，可以看到所有的图层类型，如图 2-4 所示。

文本(T)	Ctrl+Alt+Shift+T
纯色(S)...	Ctrl+Y
灯光(L)...	Ctrl+Alt+Shift+L
摄像机(C)...	Ctrl+Alt+Shift+C
空对象(N)	Ctrl+Alt+Shift+Y
形状图层	
调整图层(A)	Ctrl+Alt+Y
Adobe Photoshop 文件(H)...	
MAXON CINEMA 4D 文件(C)...	

图 2-4

最为常用的就是纯色图层，大部分图形、色彩和特效都依附于纯色图层，创建纯色图层的快捷键为 Ctrl+Y。我们也可以通过执行【图层】→【图层设置】命令对创建好的各类图层进行修改。每种类型的图层介绍，会在后面的章节中逐一介绍。

2.1.2　导入 PSD 文件

首先在 Photoshop 中打开一个 PSD 文件，可以看到不同的图层都已设置好，我们可以调整 Photoshop 的图层融合模式及其各种属性，包括不透明度等，将文件保存。在 After Effects 的【项目】面板的空白处双击，并打开 PSD 文件，此时会弹出【导入】对话框。在该对话框中一般选择【导入

种类】为【合成】，将文件作为一个合成导入项目中，如图 2-5 所示。

图 2-5

在【项目】面板双击导入的合成项目，即可在【时间轴】面板中看到每个图层。单击图层左侧的三角形图标▶，可以将图层的属性展开，在 Photoshop 中相关的属性设置都可以在 After Effects 中显示出来，并加以调整。

2.1.3　合成的管理

在制作复杂的项目时，经常在一个项目中出现多个合成，在【时间轴】面板中要养成整理合成的顺序与名称的习惯。首先，建立一个总的镜头，每个分镜头和特效都会在其下面，如图 2-6 所示。也可以来回调整其在【时间轴】面板中的顺序，但是无论用什么样的命名方法，清晰的文件结构都会使操作事半功倍。如果在【时间轴】面板中不小心将

某一个合成关闭，可以在【项目】面板中双击该合成，即可在【时间轴】面板中重新看到该合成。

图 2-6

2.1.4 图层的属性

After Effects 的主要功能就是创建动画，通过调整【时间轴】面板中图层的参数即可为图层创作各种各样的动画效果。每个图层名称的前面都有一个 ▶ 图标，单击打开该图层的属性参数，如图 2-7 所示。

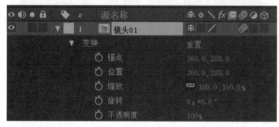

图 2-7

图层的基本属性介绍如下。

- 锚点：该参数可以在不改变图层中心的情况下移动图层。其后面的数值可以通过单击后输入数值，也可以通过鼠标直接拖动来改变。
- 位置：该参数可以位移图层。
- 缩放：该参数可以控制图层的尺寸。在其数值前面有一个 🔗 图标，用来控制图层是否按比例缩放。
- 旋转：该参数控制图层的旋转角度。
- 不透明度：该参数控制图层的透明度。

在每个属性名称上右击，可以打开一个快捷菜单，在该菜单中执行【编辑值】命令，即可打开这个属性的设置对话框，在该对话框中可以输入精确的数字，如图 2-8 所示。

图 2-8

在设置图层动画时，为图层创建关键帧是一个重要的手段，下面来看一下怎样为图层创建关键帧。

01 打开一个要制作动画的图层参数，把时间指针移动到要创建关键帧的位置，如图 2-9 所示。

02 在【位置】属性中有一个 图标，单击即可看到在时间指针的位置为【位置】属性创建了一个关键帧，如图 2-10 所示。

03 改变时间指针的位置，单击拖动【位置】参数，前面的参数可以修改图层在横向的位置，后面的参数可以修改图层在纵向的位置。修改参数后，会发现在时间指针的位置自动创建了一个关键帧，如图 2-11 所示。

图 2-9

图 2-10

图 2-11

　　这样就做好了一个完整的图层移动动画，其他参数都可以这样创建关键帧来制作动画效果。在后面的章节中还会详细介绍动画效果的制作方法。

技巧与提示：

在关键帧上双击，可以打开【位置】面板，在这里可以精确设置该属性的参数，从而改变关键帧的位置属性。可以通过多种方法来查看【时间轴】和【图表编辑器】面板中元素的状态，根据不同情况来选择。我们还可以使用快捷键将时间标记停留的当前帧的视图放大或缩小。如果使用的鼠标带有滚轮，只需按住 Shift 键再滚动鼠标上的滚轮，即可快速缩放视图。按住 Alt 键滚动鼠标上的滚轮，将动态放大或缩小时间线。

2.1.5　图层的分类

在【时间轴】面板中，可以建立各种类型的图层，执行【图层】→【新建】子菜单中的命令，可以新建不同类型的图层，如图 2-12 所示。

文本(T)	Ctrl+Alt+Shift+T
纯色(S)...	Ctrl+Y
灯光(L)...	Ctrl+Alt+Shift+L
摄像机(C)...	Ctrl+Alt+Shift+C
空对象(N)	Ctrl+Alt+Shift+Y
形状图层	
调整图层(A)	Ctrl+Alt+Y
Adobe Photoshop 文件(H)...	
MAXON CINEMA 4D 文件(C)...	

图 2-12

- 文本：建立一个文本图层，也可以直接用【文字工具】在【合成】面板中建立。文本图层是最常用的图层，在后期软件中添加文字效果，比在其他三维或图形软件中有更大的自由度和调整空间。

- 纯色：纯色图层是一种含有固体颜色的形状图层，也是经常要用到的一种图层。在实际的应用中我们会经常为纯色图层添加效果或遮罩，以达到需要的画面效果。当选择【纯色】命令时，会弹出【纯色设置】对话框。通过该对话框可以对纯色图层进行设置，图层的最大尺寸可达到 32000 像素×32000 像素，也可以为纯色图层设置各种颜色，并且系统会为不同的颜色自动命名，名称与颜色相对应，当然用户也可以自己命名。

- 灯光：建立灯光，在 After Effects 中灯光都是以图层的形式存在的，并且会一直在堆栈图层的最上方。

- 摄像机：建立摄像机，在 After Effects 中摄像机也是以图层的形式存在的，并且会一直在堆栈图层的上方。

- 空对象：建立一个虚拟物体图层。当用户建立一个空对象图层时，除了【透明度】属性，该图层拥有其他图层的一切属性。该类型图层主要用于，当需要为一个图层指定父图层级时，但又不想在画面上看到这个图层的实体，而建立的一个虚拟物体（图层），可以对它进行一切操作，但在【合成】面板中是不可见的，只有一个控制图层的操作手柄框。

- 形状图层：允许使用【钢笔工具】和【几何体创建工具】绘制实体的平面图形，如果直接在素材上使用【钢笔工具】和【几何体创建工具】，绘制出的将是针对该图层的遮罩。

- 调整图层：建立一个调整图层，该图层主要用来整体调整一个合成项目中的所有图层，一般该图层位于项目的顶部。用户对图层的操作，如添加【效果】时，只对一个图层起作用，【调整图层】的作用就是用来对所有图层进行统一调整。

- Adobe Photoshop 文件：建立一个 PSD 文件图层。建立该类型图层的同时会弹出一个对话框，让用户指定 PSD 文件保存的位置，该文件可以通过 Photoshop 编辑。

- MAXON CINEMA 4D 文件：建立一个 C4D 文件图层。建立该类型图层的同时会弹出一个对话框，让用户指定 C4D 文件保存的位置，该文件可以通过 Cinema 4D 编辑。

2.1.6　图层的遮罩

在【时间轴】面板中，我们还可以使用图层相互进行遮罩，拖动图层以将其用作轨道遮罩并位于用作填充图层的正上方。通过从填充图层的 TrkMat 菜单中选择下列选项之一，为轨道遮罩定义透明度。打开本书素材中"工程文件"相关章节的【图层遮罩】项目，在【时间轴】面板可以看到有 3 个图层，如图 2-13 所示。

图 2-13

Track Matte 命令主要用于将合成中某个素材图层前面或【时间轴】面板中素材图层中某素材图层上面的图层设为透明的轨道遮罩图层。一般我们使用上面的图层作为遮罩，在【时间轴】面板中先关闭纯色图层左侧的眼睛图标 👁，观察 ink_1 和

MOV2 两个图层，这是带有透明通道的水墨素材，下面使用遮罩功能进行编辑，如图 2-14 所示。

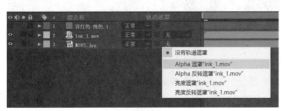

图 2-14

在 MOV2 图层右侧的 TrkMat 菜单中选择【Alpha 遮罩"ink_1.mov"】选项，如果界面中没有看到这一栏，可以按下 F4 键切换出来，如图 2-15 所示。

图 2-15

选择【Alpha 遮罩"ink_1.mov"】选项后，可以看到水墨以外的区域被隐藏，如图 2-16 所示。

图 2-16

当添加一个白色的背景时，可以看到只有水墨

部分的画面被显示出来，如图 2-17 所示。

图 2-17

使用同样的方法，我们也经常使用纯色图层进行画面遮罩，如果为纯色图层设置动画，遮罩也会出现动画效果。在实际制作中会经常用到这个方法，如图 2-18 所示。

图 2-18

TrkMat 菜单中 5 个选项的含义分别如下。

● 没有轨道遮罩：底层的图像以正常的方式显示出来。

● Alpha 遮罩：利用素材的 Alpha 通道创建轨迹遮罩，通道像素值为 100% 时不透明。

● Alpha 反转遮罩：反转 Alpha 通道遮罩，通道像素值为 0% 时不透明，也就是反向进行遮罩，画面中底层为紫色，水墨部分就会变成透明，显示出紫色，如图 2-19 所示。

图 2-19

● 亮度遮罩：利用素材图层的亮度创建遮罩，像素的亮度值为 100% 时不透明。建立一个灰度的上图层遮罩，如果选择【亮度遮罩】选项，遮罩只对亮度参数起作用，黑色的素材不会影响画面，如图 2-20 所示。

图 2-20

● 亮度反转遮罩：反转亮度遮罩，像素的亮度值为 0% 时不透明，如图 2-21 所示。

图 2-21

图层遮罩是 After Effects 中经常用到的命令，在后面的实例中会经常使用，读者可以学习到如何灵活使用该功能。

2.2 时间轴面板

After Effects 中关于图层的大部分操作都在【时间轴】面板中进行，以图层的形式把素材逐一摆放，同时可以对每个图层进行位移、缩放、旋转、创建关键帧、剪切和添加效果等操作。【时间轴】面板在默认状态下是空白的，只有在导入一个合成素材时才会显示出来。

2.2.1 时间轴面板的基本功能

【时间轴】面板的功能主要是控制合成中各个素材之间的时间关系，素材与素材之间是按照图层的顺序进行排列的，每个图层的时间条长度代表了该素材的持续时间。用户可以对每图层的属性设置关键帧和动画属性，我们先从它的基本区域入手，如图 2-22 所示。

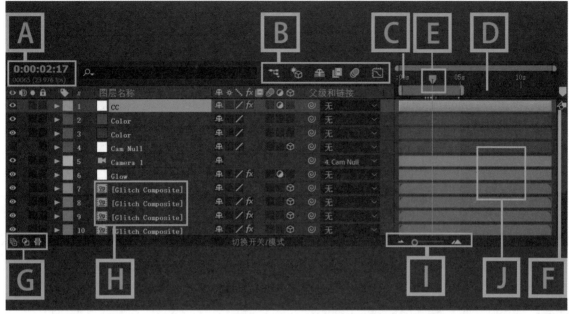

图 2-22

A 区域：

这里显示的是时间指针所在的位置，通过单击此处可以直接输入时间指示器所要指向的时间点，精确移动时间指针的位置。其下面显示的是合成的帧数以及帧速率，如图 2-23 所示。

0;00;07;09
00219 (29.97 fps)

图 2-23

B 区域：

该区域主要是一些功能图标。

● ▮▮▮▮▮▮▮▮▮▮▮▮▮▮▮：在【时间轴】面板中查找素材，可以通过名称直接搜索到素材。

● ▮▮：打开【微型合成流程图】面板，其中每一个

图层都以节点的形式显示，可以快速查看图层之间的结构形式，如图 2-24 所示。

图 2-24

● ▮▮：该图标是用来控制是否开启【草图 3D】功能。

● ▮▮：该图标用来显示或隐藏【时间轴】面板中处于【消隐】状态的图层。【消隐】状态是 After Effects 为图层的显示状态定义的一种拟人化的名称。通过显示和隐藏图层功能来限制显示图层的数量，简化工作流程，提高工作效率，如图 2-25 和图 2-26 所示。

图 2-25 （"人头"缩下去的图层为消隐图层）

图 2-26（按下隐藏消隐图层图标，消隐图层被隐藏）

● 　：【帧混合】总开关，可以控制是否在图像刷新时启用【帧混合】效果。一般情况下，应用帧混合时只会在需要的图层中打开帧混合开关，因为打开总的帧混合开关会降低预览速度。

技巧与提示：

当使用了 Time-Stretch 或者 Time-Remap 后，可能会使原始的动画帧速率发生改变，而且会产生一些意想不到的问题，这时可以使用【帧混合】对帧速率进行调整。

● 　：【运动模糊】图标可以控制是否在【合成】面板中应用【运动模糊】效果。在素材图层后面单击　图标，即可为该图层添加【运动模糊】效果，用来模拟电影中使用的长胶片曝光效果。

● 　：该图标可以快速进入【曲线编辑】面板，在这里可以方便地对关键帧进行属性调整，如图 2-27所示。

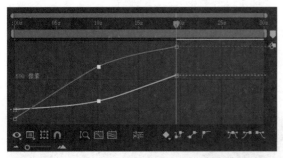

图 2-27

C 区域：

这里的两个小半圆图标用来指示时间导航器的起始和结束位置，通过拖动小半圆图标可以对时间

指示器进行缩放，该操作会被经常使用，如图 2-28所示。

图 2-28

D 区域：

这里属于工作区域，其前后的蓝色矩形标记可以拖动，用来控制预览或渲染的时间区域，如图 2-29所示。

图 2-29

● 显示缓存指示器：这一项可以显示或隐藏时间标尺下面的缓存标记，它为绿色，当按下空格键对画面进行预渲染时，系统就会将画面渲染出来，绿色的部分代表已经渲染完成的部分，如图 2-30所示。

图 2-30

E 区域：

这是时间指针，形状为一个蓝色的小三角形，下面连接一条红色的线，可以很清楚地辨别时间指针在当前时间标尺中的位置。在蓝色三角形的上面还有一条蓝色的小线，表示当前时间在导航栏中的位置，如图 2-31 所示。

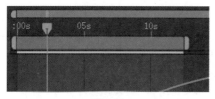

图 2-31

导航栏中的蓝色标记都是可以用鼠标拖动的，这样便于控制时间区域的开始和结束位置；对时间指针的操作，可以用鼠标直接拖动，也可以直接在时间标尺的某个位置单击，使时间指针移动到新的位置。

F 区域：

图标用来打开【时间轴】面板所对应的【合成】面板。

G 区域：

【时间轴】面板左下角的图标，用来打开或关闭一些常用的参数列。打开时，【时间轴】面板中显示大部分需要查看的数据，这样虽然非常直观，但是却牺牲了宝贵的操作空间，时间条几乎全部被覆盖了。

- ：打开或关闭【图层开关】参数列，如图 2-32 所示。

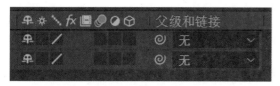

图 2-32

技巧与提示：

除了鼠标拖动，最有效且最精准的移动时间指针的方法是使用对应的快捷键，具体如下：Home 键是将时间指针移动到第一帧；End 键是将时间指针移动到最后一帧；Page Up 键是将时间指针移动到当前位置的前一帧；Page Dow 键是将时间指针移动到当前位置的后一帧；Shift+Page Up 键是将时间指针移动到当前位置的前 10 帧；Shift+Page Down 键是将时间指针移动到当前位置的后 10 帧；Shift+Home 键是将时间指针移动到工作区的工作区开头 In 点上；Shift+End 键是将时间指针移动到工作区的工作区结尾 Out 点上。

- ：打开或关闭【模式】参数列。按 F4 键也可以快速切换到该面板，如图 2-33 所示。

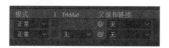

图 2-33

- ：打开或关闭【入】、【出】、【持续时间】和【伸缩】参数列。【伸缩】参数列的最主要功能是对图层进行时间反转，产生条纹效果，如图 2-34 所示。

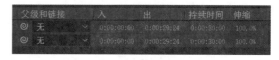

图 2-34

H 区域：

【时间轴】面板的功能区，共有 17 个参数列，在默认状态下只显示了几个常用参数列，并没有完全显示，如图 2-35 所示。

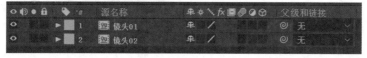

图 2-35

在每个参数列的上方右击，在弹出的快捷菜单中找到【列数】命令，或者用面板菜单都可以打开用来控制参数列显示的菜单。下面对这些参数列进行逐一介绍，如图 2-36 所示。

● A/V 功能：可以对素材进行隐藏、锁定等操作，如图 2-37 所示。

图 2-36　　　　　　　图 2-37

» 👁：可以控制素材在合成中的显示或隐藏。

» 🔊：可以控制音频素材在预览或渲染时是否起作用，如果素材没有音频素材就不会出现该图标。

» ⬤：可以控制素材的单独显示。

» 🔒：用来锁定素材，锁定的素材是不能进行编辑的。

● 标签：显示素材的标签颜色，它与【项目】面板中的标签颜色相同。当进行一个合作项目时，合理使用标签颜色就变得非常重要了，一个小组往往会有一个固定的标签颜色对应方式，例如红色用于非常重要的素材，绿色是音频，这样就能很快找到需要的素材类别，然后很快从中找出需要的素材。在使用颜色标签时，不同类别的素材请尽量使用对比强烈的颜色，同类素材可以使用相近的颜色，如图 2-38 所示。

● #：这里显示的是素材在合成中的编号。After Effects 中的图层索引号一定是连续的数字，如果出现前后数字不连贯，则说明在这两个图层之间有隐藏图层。当知道需要的图层编号时，只需要按数字键盘上对应的数字键就能快速切换到对应图层上。例如按数字键盘上的 9 键，将直接选择编号为 9 的图层。如果图层的编号为两位数或两位以上值，则只需要连续按对应的数字键就可以切换到对应的图层上。例如编号为 13 的图层，先按下数字键盘上的 1 键，After Effects 先进行相应操作，切换到编号为 1 的图层上，然后按下 3 键，

After Effects 将切换到编号中有 1 但随后数字为 3 的图层。需要注意的是，输入两位和两位以上的图层编号时，输入连续数字的时间间隔不要多于 1 秒，否则 After Effects 将认为第二次输入的数值为重新输入。例如，按数字键盘上的 1 键，然后隔 3 秒再按 5 键，After Effects 将切换到编号为 5 的图层，而不是切换到编号为 15 的图层，如图 2-39 所示。

图 2-38　　　　　　　图 2-39

● 源名称：用来显示素材的图标、名称和类型，如图 2-40 所示。

● 注释：该参数值可以进行注解操作，单击可以在其中输入要注解的文字，如图 2-41 所示。

图 2-40　　　　　　　图 2-41

● 模式：可以设置图层的叠加模式和轨迹遮罩类型。【模式】栏为叠加模式；T 栏可以设置保留该图层的不透明度；TrkMat 栏为轨迹遮罩菜单，如图 2-42 所示。

● 开关：单击不同的图标，控制图层的显示和性能，如图 2-43 所示。

图 2-42　　　　　　　图 2-43

» ⬛：可以设置图层的消隐属性，通过【时间轴】面板上方的图标来隐藏或显示图层。只是把需要隐藏图层的【消隐】图标激活是无法产生隐藏效果的，必须在激活【时间轴】面板上方的消隐开关总开关（图标）的情况下，单个图

层的消隐功能才能产生效果。

» ■：该图标是矢量编译功能开关，可以控制合成中的使用方式和嵌套质量，并且可以将 Adobe Illustrator 矢量图像转化为像素图像。

» ■：该图标可以控制素材的显示质量，■为草图，■为最好质量。特别是对大量素材同时进行缩放和旋转时，调整质量图标能有效提高显示效率。

» *fx*：该图标可以关闭或打开图层中的滤镜效果。当给素材添加效果时，After Effects 将对素材效果进行计算，这将占用大量 CPU 资源。为了提高工作效率，减少处理时间，我们有时需要关闭一些图层的效果。

» ■：帧混合图标，可以为素材添加帧混合功能。

» ■：运动模糊图标，可以为素材添加动态模糊效果。

» ■：该图标可以打开或关闭调整图层，打开后可以将原素材转化为调整图层。

» ■：3D 图层图标，可以转化该图层为 3D 图层。转化为 3D 图层后，将能在三维空间中移动或旋转等。

● 父级：可以指定一个图层为另一个图层的父层，在对父层进行操作时，子层也会相应发生变化，如图 2-44 所示。

图 2-44

技巧与提示：

"父级"有两栏，分别有两种父子连接的方式。第一个是拖动一个图层的■图标到目标图层，这样原图层就成为了目标图层的父图层；第二个是在后面的下拉列表中选择一个图层作为父图层。

● 键：为用户提供了一个关键帧操纵器，通过它可以为图层的属性创建关键帧，还可以使时间指针快速跳到下一个或上一个关键帧处，如图 2-45 所示。

技巧与提示：

在【时间轴】面板中不显示【键】参数栏时，打开素材的属性折叠区域，在 A/V Features 下方也会出现关键帧操纵器。

● 入：可以显示或改变素材图层的切入时间，如图 2-46 所示。

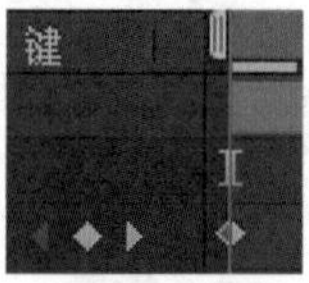

图 2-45 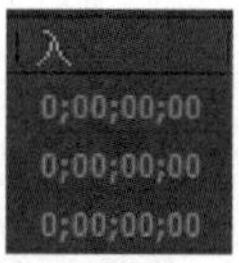　　　　　　　　图 2-46

● 出：可以显示或改变素材图层的切出时间，如图 2-47 所示。

技巧与提示：

如果需要将图层的入点快速准确地移动到当前时间点，最佳方法是按 [键，将出点对位到当前时间点的快捷键是] 键。

● 持续时间：可以查看或修改素材的持续时间，如图 2-48 所示。

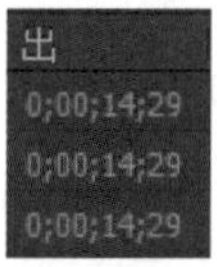

图 2-47 　　　　　　　　图 2-48

在数字上单击，会弹出【时间伸缩】对话框，在其中可以精确设置图层的持续时间，如图 2-49 所示。

● 伸缩：可以查看或修改素材的延迟时间，如图 2-50 所示。在数字上单击，也会弹出【时间伸缩】对话框，在其中可以精确改变素材的持续时间。

I 区域：

这里是时间缩放滑块，它和导航栏的功能类似，都可以对合成的时间进行缩放，只是它的缩放是以时间指针为中心进行缩放的，而且它没有导航栏精确，如图 2-51 所示。

图 2-49

图 2-50   图 2-51

J 区域：

用来放置素材堆栈，当把一个素材调入【时间轴】面板中后，该区域会以图层的形式显示素材，用户可以直接从【项目】面板中将需要的素材拖曳到【时间轴】面板中，并且任意调整它们的上下顺序，如图 2-52 所示。

图 2-52

显示 / 隐藏图层

在 After Effects 中可以通过各种手段暂时把图层隐藏起来，这样做的目的是为了方便操作，当项目中的图层越来越多时，这种操作是很有必要的。特别是为图层制作动画时，过多的图层会影响操作的便利性，并且降低预览速度。适当减少不必要图层的显示，能够大幅提高制作效率。

当需要隐藏某一个图层时，单击【时间轴】面板中该图层最左侧的▇图标，眼睛图标会消失，该图层在【合成】面板中将不能被观察到，再次单击，眼睛图标出现，图层也会显示出来。

这样虽然能在【合成】面板中隐藏该图层，但在【时间轴】面板中该图层依然存在，一旦图层的数量非常多时，一些暂时不需要编辑的图层在【时间轴】面板中隐藏起来是很有必要的。我们可以使用消隐工具来隐藏图层。

在【时间轴】面板中选中要隐藏的图层，单击该图层的▇图标，这时图标会变成▇状态，单击【时间轴】面板中的▇图标，所有标记过消隐的图层都不会在【时间轴】面板中显示，但在【合成】面板中依然显示，这样既不影响观察画面效果，又可以成功地为【时间轴】面板"减肥"。当素材大量堆积在一起，而我们又不可能随意改动素材图层的位置时，使用消隐方式能够在不改变图层与图层之间叠加关系的同时，将不相连的图层尽量显示在一起。

还有一种工具可以批量隐藏图层，这就是【独奏】工具。在【时间轴】面板中找到【独奏】栏，单击想要隐藏图层对应的▇图标，我们发现该图层以下的图层都被隔离了起来，不在【合成】面板中显示。

2.2.2 时间轴面板中图层的操作

在【时间轴】面板中针对图层的操作是 After Effects 操作的基础，初学者要认真学习本节的内容，这会使你的工作事半功倍。我们可以在【编辑】菜单找到这些命令。

移动

位于顶部的图层将显示在画面的最前面，在【时间轴】面板中可以拖曳图层，调整其位置，也可以通过快捷键操作。图层的位置决定了图层显示的优先级，上面图层的元素遮挡下面图层的元素。例如背景元素一定是在下面图层中的，角色一般在中间图层或顶部图层。

重复

　　【重复】命令（快捷键为 Ctrl+D）主要用于将所选择的对象直接复制，与【复制】命令不同，【重复】命令是直接复制，并不将复制对象存入剪贴板。使用【重复】命令复制图层时，会将被复制图层的所有属性，包括关键帧、遮罩、效果等一同复制，如图 2-53 所示。

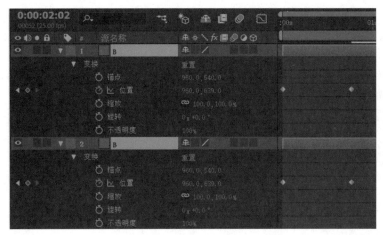

图 2-53

拆分

　　【拆分图层】命令主要用于拆分图层，在【时间轴】面板中用户可以使用该命令将图层进行任意拆分，从而创建两个完全独立的图层，拆分后的图层中仍然保留原始图层的所有关键帧。在【时间轴】面板中用户可以使用时间指示器来指定拆分的位置，把时间指示器移动到想要拆分的时间点，执行【编辑】→【拆分图层】命令，即可拆分选中的图层，该操作的快捷键为 Ctrl+Shift+D，如图 2-54 和图 2-55 所示。

图 2-54

图 2-55

2.2.3 动画制作

动画是基于人的视觉原理来创建的运动图像，当我们观看电影或电视画面时，我们会看到画面中的人物或场景运动都是顺畅自然的，而实际上画面是一格格的单幅画面。之所以看到顺畅的画面，是因为人的眼睛会产生视觉暂留现象，对上一个画面的感知还没消失时，下一个画面又会出现，就会给人以动的感觉。在短时间内观看一系列相关联的静止画面时，就会将其视为连续的动作。

关键帧（Key frame）这是一个从传统动画制作中引入的概念，即在不同时间点对对象属性进行调整，而时间点之间的变化由计算机生成。在制作动画的过程中，要首先制作能表现出动画主要意图的关键动作，这些关键动作所在的帧，就叫作"关键帧"。在传统动画制作中，由动画师画出关键动作，助手填充关键动作之间的动作，在 After Effects 中由系统帮助用户完成这一烦琐的过程。

After Effects 的动画关键帧制作主要是在【时间轴】面板中进行的，不同于传统动画，After Effects 可以帮助用户制作更为复杂的动画效果，可以随意控制动画关键帧，这也是非线性后期编辑软件的优势所在。

创建关键帧

创建关键帧都是在【时间轴】面板中进行的，所谓创建关键帧就是为图层的属性值设置动画，展开图层的【变换】属性，每个属性的左侧都有一个钟表图标，这是关键帧记录器，也是设定动画关键帧的关键。单击该图标，激活关键帧记录，从这时开始，无论是在【时间轴】面板中修改该属性的值，还是在【合成】面板中修改画面中的元素，都会被记录为关键帧。被记录的关键帧在时间线中出现一个关键帧图标，如图 2-56 所示。

图 2-56

在【合成】面板中物体会出现一条控制线，如图 2-57 所示。

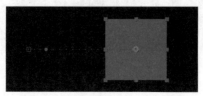

图 2-57

单击【时间轴】面板中的【图表编辑器】图标 ，激活曲线编辑模式，如图 2-58 所示。

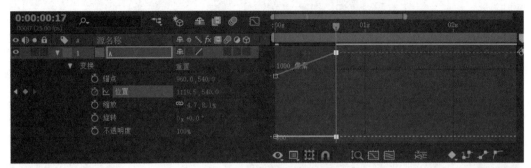

图 2-58

把【时间指示器】移动到两个关键帧中间的位置，修改【位置】属性的值，时间线上又添加了一个关键帧，如图 2-59 所示。

图 2-59

在【合成】面板中可以观察到物体的运动轨迹线上也多出了一个控制点，我们也可以使用【钢笔工具】直接在【合成】面板中的动画曲线上添加一个控制点，如图 2-60 所示。

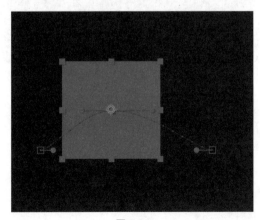

图 2-60

再次在【时间轴】面板中右击，切换到【编辑速度图表】模式，关键帧图标发生了变化。我们在【合成】面板中调节控制器的手柄，【时间轴】面板中的关键帧曲线也会随之变化，如图 2-61 所示。

图 2-61

选择关键帧

在【时间轴】面板中选择关键帧，如果要同时选中多个关键帧，按住 Shift 键，依次单击要选择的关键帧，或者在【时间轴】面板中单击拖动出一个选择框，选取需要的关键帧，如图 2-62 所示。

图 2-62

时间指示器是设置关键帧的重要工具，准确地控制时间指示器是非常必要的。在实际的制作过程中，一般使用快捷键来控制时间指示器。I 和 O 键用来调整时间指示器到素材的起始和结尾处，按住 Shift 键移动时间指示器，会自动吸附到邻近的关键帧上。

复制和删除关键帧

选中需要复制的关键帧，执行【编辑】→【复制】命令，将时间指示器移动至要复制的时间位置，执行【编辑】→【粘贴】命令，粘贴关键帧到该位置。关键帧数据被复制后，可以直接转化成文本，在 Word 等文本软件中直接粘贴，数据将以文本的形式展现。

Adobe After Effects 8.0 Keyframe Data

Units Per Second		*25*
Source Width	*1920*	
Source Height	*1080*	
Source Pixel Aspect Ratio		*1*
Comp Pixel Aspect Ratio 1		

TransformAnchor Point

Frame	*X pixels*	*Y pixels*	*Z pixels*
	960	*540*	*0*

TransformPosition

Frame	*X pixels*	*Y pixels*	*Z pixels*
0	*960*	*540*	*0*
7	*1025.68*	*504*	*0*
17	*1119.5*	*540*	*0*

End of Keyframe Data

这些操作都可以通过快捷键完成，删除关键帧也很简单，选中需要删除的关键帧，按下 Delete 键，即可删除该关键帧。

2.2.4 调整动画路径

在 After Effects 中，动画的制作可以通过各种手段来实现，而使用曲线来控制动画效果是常用的手法。在图形软件中常用 Bezier 手柄来控制曲线，熟悉 Illustrator 的用户对这个工具不会陌生，这是控制曲线的最佳手段。在 After Effects 中，用 Bezier 曲线可以控制路径的形状。在【合成】面板中用户可以使用【钢笔工具】 来修改路径曲线。

Bezier 曲线包括带有控制手柄的点，在【合成】面板中可以观察到，手柄控制着曲线的方向和角度，左侧的手柄控制左侧的曲线，右侧的手柄控制右侧的曲线，如图 2-63 所示。

在【合成】面板中，使用【添加"顶点"工具】 为路径添加一个控制点，可以轻松改变物体的运动方向，如图 2-64 所示。

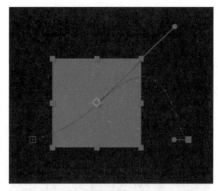

图 2-63

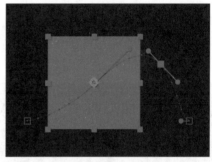

图 2-64

用户可以使用【选取工具】 来调整曲线的手柄和控制点的位置，如果使用【钢笔工具】 可以直接按下 Ctrl 键将【钢笔工具】切换为【选取工具】。控制点之间的虚线点密度对应了时间的快慢，也就是点越密物体运动得越慢。控制点在路径上的相对位置主要靠调整【时间轴】面板中关键帧在时间线上的位置来完成，如图 2-65 所示。

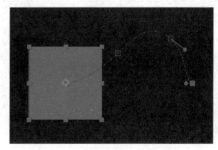

图 2-65

按下小键盘的数字键 0 播放动画，可以观察到物体在路径上的运动一直朝着一个方向，并没有随着路径的变化改变方向。这是因为没有开启【自动方向】功能。执行【图层】→【变换】→【自动定向…】命令，弹出【自动方向】对话框，如图 2-66 所示。

图 2-66

选中【沿路径定向】选项，单击【确定】按钮。按下小键盘的数字键 0 播放动画，可以观察到物体在随着路径的变化旋转，如图 2-67 和图 2-68 所示。

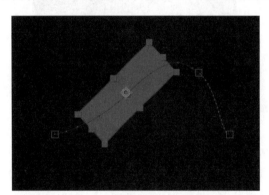

图 2-67

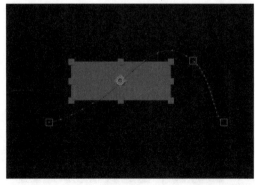

图 2-68

动画播放

在动画制作完成后，可以通过按下【空格】键

预览动画效果，也可以打开【预览】控制面板，单击【播放】按钮进行播放，在【预览】面板后还可以设置对应的快捷键和缓存范围。预览的动画会被保存在缓存区域，再次预览时会被覆盖。【时间轴】面板会显示预览的区域，绿色的线条就是渲染完成的部分，如图 2-69 所示。

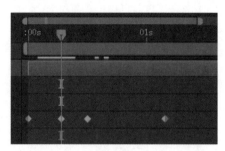

图 2-69

2.2.5 清理缓存

【清理】命令主要用于清除内存缓冲区的内容。在【编辑】→【清理】子菜单中有相关命令，这些命令非常实用。在实际制作过程中由于素材量不断加大，一些不必要的操作和预览影片时留下的数据会占用大量的内存和缓存，制作中不时进行清理是很有必要的。建议在渲染输出之前进行一次对于内存的全面清理，这非常重要，如图 2-70 所示。

图 2-70

- 所有内存与磁盘缓存：将内存缓冲区域中的所有储存信息与磁盘中的缓存清除。
- 所有内存：将内存缓冲区域中的所有储存信息清除。
- 撤销：清除内存缓冲区中保存的操作过程。
- 图像缓存内存：清除 RAM 预览时系统放置在内存缓冲区的预览文件，如果在预览影片时无法完全播放整个影片，可以通过该命令来释放缓存的空间。
- 快照：清除内存缓冲区中的快照信息。

2.2.6　编辑动画曲线

调整动画曲线是作为一名动画师的必备技能。【图表编辑器】是 After Effects 中编辑动画的主要平台，曲线的调整大幅提高了动画制作的效率，使关键帧的调整直观化。对于使用过三维动画软件或二维动画软件的读者应该对【图表编辑器】功能并不陌生，而对于初次接触该功能的读者，将通过本节详细介绍【图表编辑器】面板的各种功能。

【图表编辑器】是一种曲线编辑器，在许多动画软件中都有。当我们没有选择任何一个已经设置关键帧的属性时，【图表编辑器】内将不显示任何数据和曲线。当对图层的某个属性设置了关键帧动画后，单击【时间轴】面板中的 按钮，即可进入【图表编辑器】面板，如图 2-71 所示。

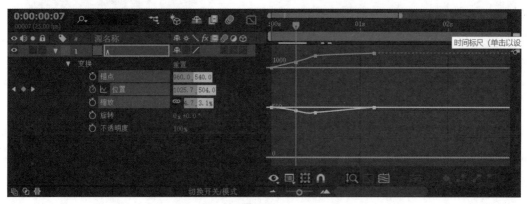

图 2-71

：可以用不同的方式来显示【图表编辑器】面板中的动画曲线，单击该图标会弹出下拉菜单，如图 2-72 所示。

● 显示选择的属性：在【图表编辑器】面板中只显示已选择的有动画的素材属性。
● 显示动画属性：在【图表编辑器】面板中同时显示一个素材中所有的动画曲线。
● 显示图表编辑器集：显示曲线编辑器的设定。

：该按钮可以选择动画曲线的类型和辅助选项。单击该按钮会弹出下拉菜单。当我们在任意图层中属性设置多个关键帧时，这些命令可以帮助我们过滤当前不需要显示的曲线，直接找到需要修改的关键帧的点，如图 2-73 所示。

图 2-72

图 2-73

● 自动选择图表类型：自动显示动画曲线的类型。

● 编辑值图表：编辑数值曲线。

● 编辑速度图表：编辑速率曲线。

● 显示参考图表：显示参考类型的曲线。

技巧与提示：

当选择【自动选择图表类型】和【显示参考图表】选项时，【图表编辑器】中经常出现两种曲线，一种是带有可编辑点（在关键帧处出现小方块）的曲线，一般为白色或浅洋红色。另一种是红色和绿色，但不带有编辑点的曲线。

我们以【位置】的 X 和 Y 属性设置关键帧动画为例，解释这两种曲线的区别。当我们在图层的 X 和 Y 属性上设置关键帧后，After Effects 将自动计算出一个速率数值，并绘制出曲线。在默认状态【自动选择图表类型】被激活的情况下，After Effects 认为在【图表编辑器】中速率调整对整体调整更有用，而 X 和 Y 的关键帧调整则应该在合成中进行。因此，在大多数情况下，【速度图表】被 After Effects 作为默认首选曲线显示出来。

我们可以通过直接选择【编辑值图表】选项来调整设置关键帧属性的曲线，这样是为了清楚了解单个属性的变化。当只是为了调整一个轴上某个关键帧点时，对应曲线上的关键帧点也会被选择。如果只是改变当前关键帧的数值，对应轴上的关键帧控制点不受影响。但我们移动某个轴上关键帧控制点在时间轴上的位置时，对应另一个轴上的关键帧控制点将随之改变在时间轴上的位置。这告诉我们，在 After Effects 中，是不支持对当个空间轴独立引用关键帧的。

● 显示音频波形：显示音频的波形。

● 显示图层的入点 / 出点：显示切入和切出点。

● 显示图层标记：显示图层的标记。

● 显示图表工具技巧：显示曲线上的工具信息。

● 显示表达式编辑器：显示表达式编辑器。

● 允许帧之间的关键帧：允许关键帧在帧之间切换的开关。如果未选中该选项，拖动关键帧时将自动与精确的帧的数值对齐。如果选中该选项，则

可以将该关键帧拖至任意时间点上。但是当我们使用【变换盒子】缩放一组关键帧时，无论该属性是否被激活，被缩放关键帧都将落在帧之间。

▦：在同时选中多个关键帧时，显示【转换方框工具】，利用该工具可以同时对多个关键帧进行移动和缩放操作，如图 2-74 所示。

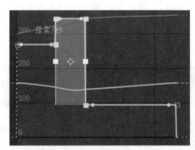

图 2-74

技巧与提示：

我们可以通过移动【变换盒子】的中心点位置来改变缩放的方式。首先，移动中心位置后，再按住 Ctrl 键，并拖动鼠标。缩放框将按照中心点新的位置来缩放关键帧。

如果想反转关键帧，只需将其拖到缩放框的另一侧即可。

按住 Shift 键拖动其一角，将按比例对缩放框进行缩放操作。

按住 Ctrl+Alt 键拖动其一角，将使缩放框一端逐渐减少。

按住 Ctrl+Alt+Shift 键拖动其一角，将在纵向移动框的一边。

按住 Alt 键拖动角手柄，可以使框倾斜。

⌒：打开或关闭吸附功能。

▨：打开或关闭使曲线自动适应【图表编辑器】面板。

▧：该按钮可以使所选中的关键帧适应【图表

编辑器】面板的大小。

　、 ：该按钮可以使全部的动画曲线适应【图表编辑器】面板的大小。

　 ：该按钮用来编辑所选择的关键帧，单击将弹出下拉菜单，如图 2-75 所示。

　 ：该按钮可以使关键帧保持现有的动画曲线。

　 ：该按钮可以使关键帧前、后的控制手柄变成直线。

　 ：该按钮可以使关键帧的手柄转变为自动的贝塞尔曲线。

　 ：该按钮可以使所选择的关键帧前、后的动画曲线快速变得平滑。

　 ：该按钮可以使所选择的关键帧前的动画曲线变得平滑。

　 ：该按钮可以使所选择的关键帧后的动画曲线变得平滑。

1119.5、540.0
编辑值…
转到关键帧时间
选择相同关键帧
选择前面的关键帧
选择跟随关键帧
切换定格关键帧
关键帧插值…
漂浮穿梭时间
关键帧速度…
关键帧辅助

图 2-75

2.3　蒙版

2.3.1　创建蒙版

当一个素材被合成到一个项目中时，需要将一些不必要的背景去除，但并不是所有素材的背景都可以被容易地分离出来，这时必须使用蒙版将背景遮罩。蒙版被创建时也会作为图层的一个属性显示在属性列表中。只需要在【时间轴】面板中选中需要建立蒙版的图层，使用工具箱中的【矩形工具】、【椭圆工具】等，直接在画面上绘制即可。也可以使用【钢笔工具】随意绘制蒙版，还可以使用 Photoshop 或 Illustrator 等软件，把建立好的路径文件导入项目作为蒙版使用，如图 2-76 所示。

图 2-76

蒙版是一个用路径绘制的区域，控制透明区域和不透明区域的范围。在 After Effects 中可以通过遮罩绘制图形，控制效果范围等各种富于变化的效果。当一个蒙版被创建后，位于蒙版范围内的区域可以被显示，蒙版区域范围外的图像将不可见。当要移动蒙版时，可以使用【选取工具】 来移动或者选取蒙版，这些操作同样对【形状图层】起作用，如图 2-77 所示。

图 2-77

技巧与提示：

需要注意的是，如果在【时间轴】面板中没有选中任何图层，直接绘制路径，创建出的会是独立的形状图层。所以，蒙版一定是依附在某一个图层上的。

2.3.2 蒙版的属性

每当一个蒙版被创建后，所在图层的属性中会多出一个【蒙版】属性，通过对这些属性的调整可以精确的控制蒙版。下面将逐一介绍这些属性，如图 2-78 所示。

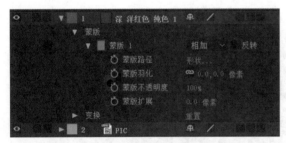

图 2-78

● 蒙版路径：控制蒙版的外形。可以通过对蒙版的每个控制点设置关键帧，对图层中的物体做动态的遮罩。单击右侧的 形状... 图标，弹出【蒙版形状】对话框，可以精确调整蒙版的外形，如图 2-79 所示。

图 2-79

● 蒙版羽化：控制蒙版范围的羽化效果。通过修改该值可以改变蒙版控制范围内、外之间的情况范围，如图 2-80 所示。两个数值分别控制不同方向上的羽化，单击右侧的 图标，可以取消两组数据的关联性。如果单独羽化某一侧边界可以产生独特的效果。

图 2-80

● 蒙版不透明度：控制蒙版范围的不透明度。
● 蒙版扩展：控制蒙版的扩张范围。在不移动蒙版本身的情况下，扩张蒙版的范围，有时也可以用来修改转角的圆化程度，如图 2-81 所示。

图 2-81

默认建立蒙版的颜色是淡蓝色的，如果图层的画面颜色和蒙版的颜色近似，可以单击该遮罩名称左侧的彩色方块图标，修改为不同的颜色。蒙版名称右侧的遮罩混合模式图标 相加 ▼，单击会弹出下拉菜单，可以选择不同的蒙版混合模式。当绘制多个蒙版，并且相互交叠时，混合模式就会起作用，如图 2-82 所示。

图 2-82

» 无：没有添加混合模式，如图 2-83 所示。

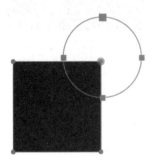

图 2-83

» 相加：蒙版叠加在一起时，添加控制范围。对于一些不能直接绘制出的特殊曲面遮罩范围，可以通过多个常规图形的遮罩效果相加计算后获得。其他混合模式也可以使用相同思路来处理，如图 2-84 所示。

图 2-84

» 相减：蒙版叠加在一起时，减少控制范围，如图 2-85 所示。

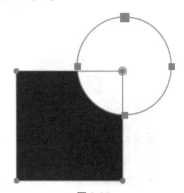

图 2-85

» 交集：蒙版叠加在一起时，相交区域为控制范围，如图 2-86 所示。

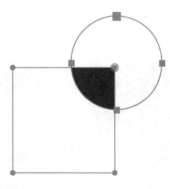

图 2-86

» 变亮、变暗：蒙版叠加在一起时，相交区域加亮或减暗控制范围（该功能必须作用在不透明度小于 100% 的蒙版上，才能显示出效果），如图 2-87 所示。

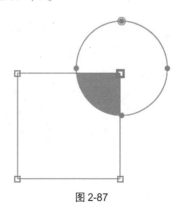

图 2-87

» 差值：蒙版叠加在一起时，相交区域以外的控制范围，如图 2-88 所示。

图 2-88

如果选中混合模式图标右侧的【反转】选项，蒙版的控制范围将被反转，如图 2-89 所示。

图 2-89

技巧与提示：

在蒙版绘制完成后，还可以继续修改蒙版，使用【选取工具】在蒙版边缘双击，蒙版的外框将会被激活，用户即可再次调整蒙版。如果想绘制正方形或正圆形蒙版，可以按住 Shift 键拖动鼠标。在【时间轴】面板中选中蒙版，双击工具箱中的【矩形工具】或【椭圆工具】，可以使被选中蒙版的形状调整到适应合成的有效尺寸。

2.3.3　蒙版插值

【蒙版插值】面板可以为遮罩形状的变化创建平滑的动画，从而使遮罩的形状变化更加自然。执行【窗口】→【蒙版插值】命令，可以将该面板打开，如图 2-90 所示。

图 2-90

● 关键帧速率：设置每秒添加多少个关键帧。
● "关键帧"字段（双重比率）：设置在每个场中是否添加关键帧。
● 使用"线性"顶点路径：设置是否使用线性顶点路径。
● 抗弯强度：设置最易受到影响的蒙版的弯曲值的变量。
● 品质：设置两个关键帧之间，蒙版外形变化的品质。
● 添加蒙版路径顶点：设置蒙版外形变化顶点的单位和设置模式。
● 配合法：设置两个关键帧之间，蒙版外形变化的匹配方式。
● 使用 1:1 顶点匹配：设置两个关键帧之间，蒙版外形变化的所有顶点一致。
● 第一顶点匹配：设置两个关键帧之间，蒙版外形变化的起始顶点一致。

2.3.4　形状图层

使用路径工具绘制图形时，当选中某个图层时绘制出来的是蒙版，当未选中任何图层时绘制出的

图形将成为形状图层。形状图层的属性和蒙版不同，其属性类似 Photoshop 的形状属性，如图 2-91 所示。

图 2-91

我们可以在 After Effects 中绘制形状，也可以使用 Illustrator 等矢量绘图软件进行绘制，然后将路径导入 After Effects 再转换为形状。首先，将 AI 文件导入项目，将其拖至【时间轴】面板，在该图层上右击，在弹出的快捷菜单中选择【从矢量图层创建形状】命令，将 AI 文件转换为形状。可以看到矢量图层变成了可编辑模式，如图 2-92 所示。

图 2-92

在 After Effects 中无论是蒙版、形状、绘画描边，还是动画图表都是依赖于路径形成的，所以绘制时基本的操作是一致的。路径包括段和顶点。段是连接顶点的直线或曲线。顶点定义各段路径的开始和结束的位置。一些 Adobe 公司的应用程序使用术语"锚点"和"路径点"来引用顶点。通过拖动路径顶点、每个顶点的方向线（或切线）末端的方向手柄，或路径段自身，更改路径的形状。

要创建一个新的形状图层，在【合成】面板中进行绘制之前按 F2 键，取消选择所有图层。可以使用下面任何一种方法创建形状和形状图层。

● 使用【形状工具】或【钢笔工具】绘制一条路径，通过使用形状工具进行拖动创建形状或蒙版和使用【钢笔工具】创建贝塞尔曲线形状或蒙版。

● 执行【图层】→【从文本创建形状】命令，将文本图层转换为形状图层上的形状。

● 将蒙版路径转换为形状路径。

● 将运动路径转换为形状路径。

我们也可以先建立一个形状图层，通过执行【图层】→【新建】→【形状图层】命令，创建一个新的空形状图层。当选中■ ✎ T 路径类型工具时，在工具栏的右侧会出现相关的工具调整选项。在这里可以设置【填充】和【描边】等参数，这些操作在形状图层的属性中也可以修改，如图 2-93 所示。

图 2-93

被转换的形状也会将原有的编组信息保留下来，每个组中的【路径】和【填充】属性都可以单独进行编辑并设置关键帧。

由于 After Effects 并不是专业绘制矢量图形的软件，所以并不建议在 After Effects 中绘制复杂的形状，还是建议在 Adobe Illustrator 这类矢量软件中进行绘制，再导入 After Effects 中进行编辑。但是，在导入路径时也会出现许多问题，并不是所有 Illustrator 文件属性都被保留下来。例如不透明度、图像和渐变。包含数千条路径的文件可能导入非常缓慢，且不提供反馈。

形状图层编辑一次只对一个选定的图层起作用，如果将某个 Illustrator 文件导入为合成（即多个图层），则无法一次转换所有这些图层。不过，也可以将文件导入为素材，然后使用该命令将单个素材图层转换为形状。所以，在导入复杂图形时建议分层导入。

2.3.5 绘制路径

在 After Effects 中绘制形状离不开【钢笔工具】，其使用方法与 Adobe 其他软件的【钢笔工具】没有太大的区别。

【钢笔工具】 ✐ 主要用于绘制不规则蒙版、形状或开放的路径。

● ✐⁺：添加"顶点"工具，添加节点的工具。
● ✐⁻：删除"顶点"工具，删除节点的工具。
● ◣：转换"顶点"工具，转换节点的工具。
● ✐：蒙版羽化工具，羽化蒙版边缘的遮罩硬度。

这些工具在实际制作中，使用的频率非常高，除了用于绘制蒙版和形状，该工具还可以用来在【时间轴】面板中调节属性值曲线。

使用【钢笔工具】绘制贝塞尔曲线，通过拖动方向线来创建弯曲的路径。方向线的长度和方向决定了曲线的形状。在按住 Shift 键的同时拖动，可将方向线的角度限制为 45°的整数倍。在按住 Alt 键的同时拖动，可以仅修改引出的方向线。将【钢笔工具】放置在希望开始绘制曲线的位置，然后按下鼠标左键，如图 2-94 所示。

图 2-94

此时会出现一个顶点，并且【钢笔工具】指针将变为一个箭头，如图 2-95 所示。

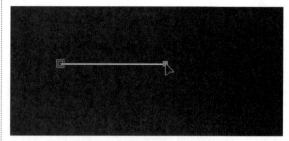
图 2-95

拖动以修改顶点的两条方向线的长度和方向，然后释放鼠标按键，如图 2-96 所示。

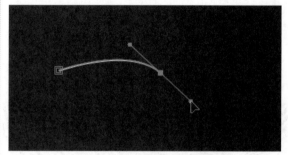
图 2-96

贝塞尔曲线的绘制并不容易掌握，建议读者反复练习。在大多数图形设计软件中，曲线的绘制都是基于这一模式的，所以必须熟练掌握，直到能自由、随意地绘制出需要的曲线为止。

2.3.6 蒙版实例

下面通过一个简单的实例来熟悉蒙版功能的应用方法。

01 执行【合成】→【新建合成】命令，弹出【合成设置】对话框，【预设】为 HDV 1080 25，其他设置为默认，【持续时间】为 0:00:05:00，命名为"遮罩"，如图 2-97 所示。

02 执行【文件】→【导入】→【文件】命令，导入本书附赠素材中"工程文件"相关章节的【背景】和【光线】图片文件，在【项目】面板中选中图片，将其拖入【时间轴】面板中。

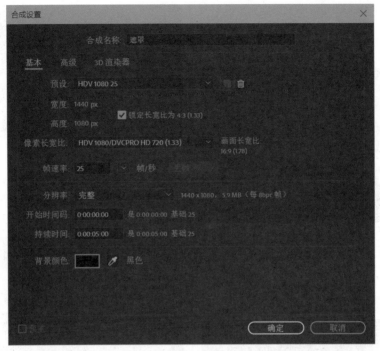

图 2-97

03 调整【光线】图片图层的混合模式为【相加】模式。如果【时间轴】面板中没有【模式】一栏，可按 F4 键切换出来。通过图层混合模式把光线图片中的黑色部分隐藏，如图 2-98 所示。

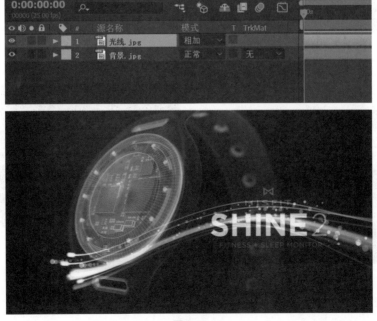

图 2-98

04 选中【光线】所在的图层，在【合成】面板中调整光线至合适的位置，选择【钢笔工具】 ✎ 绘制一个封闭的蒙版，如图 2-99 所示。

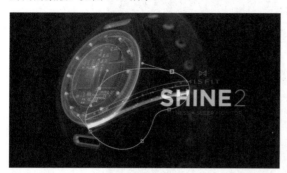

图 2-99

05 在【时间轴】面板中展开【光线】所在图层的属性，选中【蒙版 1】，修改【蒙版羽化】值为 266.0,266.0 像素，如图 2-100 所示。

图 2-100

06 此时观察到蒙版遮挡的光线部分有了平滑的过渡，如图 2-101 所示。

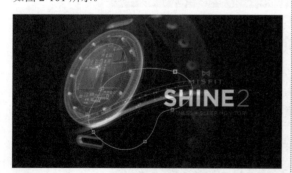

图 2-101

07 在【合成】面板中移动蒙版到光线的最右侧。可以使用工具箱中的【缩放工具】缩小画面操作区域，如图 2-102 所示。

图 2-102

08 在【时间轴】面板中，把时间指示器调整到起始位置，单击【蒙版路径】属性左侧的 ⏱ 钟表图标，为蒙版的外形设置关键帧，如图 2-103 所示。

图 2-103

09 【蒙版路径】属性的关键帧动画主要是通过修改蒙版的控制点在画面中的位置来设定关键帧的。把时间指示器调整到 0:00:00:05 的位置，选中蒙版的控制点并向左侧移动，可以在【时间轴】面板中看到如图 2-104 所示的状态。

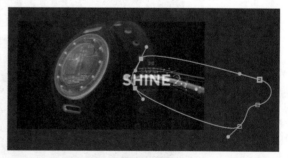

图 2-104

10 把时间指示器调整到 0:00:00:10 的位置，选中蒙版的控制点继续向左移动，如图 2-105 所示。

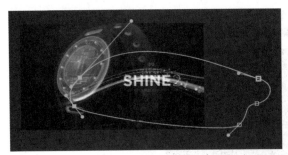

图 2-105

11 把时间指示器调整到 0:00:00:15 的位置，选中蒙版的控制点继续向左移动，光线将完全被显示出来。按空格键播放动画观察效果，可以看到光线从无到有划入画面，如图 2-106 所示。

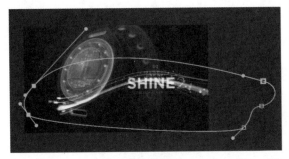

图 2-106

12 为了让图片产生光线划过的效果，在光线被划入的同时又要出现划出的效果，这样才能产生光线飞速划过的效果。把时间指示器调整到 0:00:00:10 的位置，选中蒙版右侧的控制点并向左移动，如图 2-107 所示。

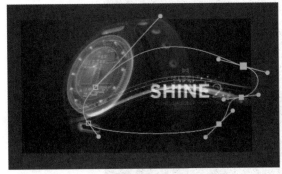

图 2-107

13 把时间指示器调整到 0:00:00:15 的位置，选中蒙版右侧的控制点继续向左移动，如图 2-108 所示。

图 2-108

14 把时间指示器调整到 0:00:00:20 的位置，选中蒙版左侧的控制点继续向右移动，直到完全遮住光线，如图 2-109 所示。

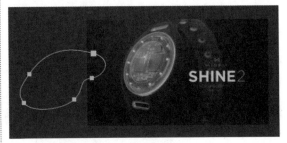

图 2-109

15 按空格键播放动画观察效果，可以看到光线划过画面。我们使用一张静帧图片，利用蒙版制作出了光线划过的动画效果。

2.3.7　预合成

　　【预合成】命令主要用于建立合成中的嵌套图层。当制作的项目越来越复杂时，可以利用该命令选择合成影像中的图层再建立一个嵌套合成影像图层，这样可以方便操作管理。在实际的制作过程中，每个嵌套合成影像图层用于管理一个镜头或效果，创建的嵌套合成影像图层的属性可以重新编辑。

　　执行【预合成】命令，弹出如图 2-110 所示的【预合成】对话框，其中的选项含义如下。

● 保留 "XXX" 中的所有属性：创建一个包含选取图层的新的嵌套合成影像图层，用新的合成影像图层中替换原始素材图层，并且保持原始图层在原合成影像中的属性和关键帧不变。

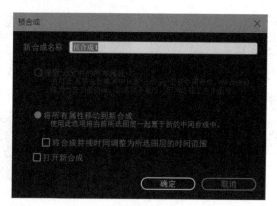

图 2-110

● 将所有属性移动到新合成：将当前选择的所有素材图层都一起放在新的合成影像中，原始素材图层的所有属性都转移到新的合成影像中，新合成影像的帧尺寸与源合成影像的相同。
● 打开新合成：打开新的【合成】面板。

预合成实例

在实际应用中我们会经常使用预合成来重新组织合成的结构模式，下面通过实例了解【预合成】命令的基本使用方法。

01 执行【合成】→【新建合成】命令，弹出【合成设置】对话框，命名为"预合成"，也可以按快捷键Ctrl+K 控制面板参数，如图 2-111 所示。

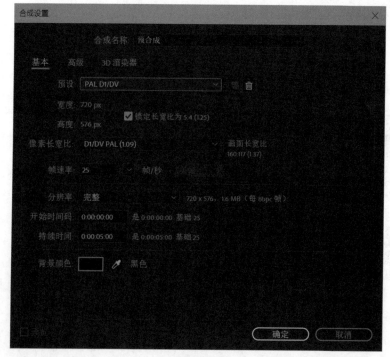

图 2-111

02 执行【文件】→【导入】→【文件】命令，在【项目】面板选中导入的素材文件（背景画面不影响案例制作，可以自选一张图片作为背景），将其拖入【时间轴】面板，图像将被添加到合成影片中，在【合成】面板中将显示出图像。选择工具箱中的【文字工具】 **T**，系统会自动弹出【字符】面板，将文字的颜色设为白色，其他参数设置，如图 2-112 所示。

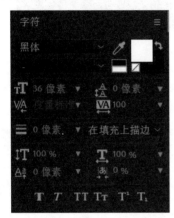

图 2-112

03 选择【文字工具】，在【合成】面板中单击，并输入文字 YEAR，在【字符】面板中将文字字体调整为"黑体"，并调整文字的大小并移动到合适的位置，背景图片可以选择任意一张图片，如图 2-113 所示。

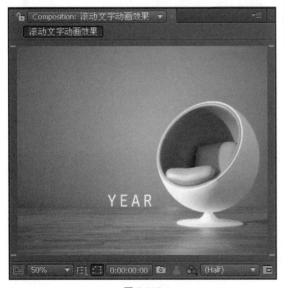

图 2-113

04 再次选择【文字工具】，在【合成】面板中单击，并输入文字 02、03、04、05、06、07、08、09（使其成为一个独立的文字图层），在【段落】面板中将字体调整为 Impact，调整文字的大小并移动到合适的位置，如图 2-114 所示。

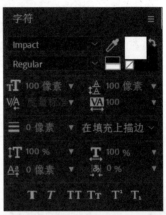

图 2-114

05 在【时间轴】面板中展开数字文字图层的【变换】属性，选中【位置】属性，单击该属性左侧的小钟表图标，为其设置关键帧动画。动画为文字图层从 02 向上移动至 09，如图 2-115 所示。

06 按下数字键盘上的 0 键，对动画进行预览，可以看到文字在不断向上移动，如图 2-116 所示。

图 2-115

图 2-116

07 在【时间轴】面板中选中数字文字图层,按快捷键 Ctrl+Shift+C,弹出【预合成】对话框,单击【确定】按钮,这样可以将文字图层作为一个独立的合成出现,如图 2-117 所示。

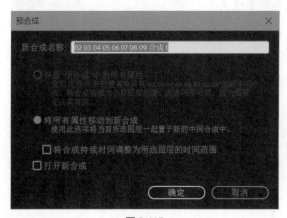

图 2-117

08 在【时间轴】面板中选中合成后的数字文字图层,使用工具箱中的【矩形工具】■,在【合成】面板中绘制一个矩形蒙版,如图 2-118 所示。

图 2-118

09 按下数字键盘上的 0 键,对动画进行预览。可以看到文字出现了滚动动画效果,蒙版以外的文字将不会被显示出来,如图 2-119 所示。

这个动画的制作体现了预合成的作用,读者可以试一下。如果不对数字文字图层建立预合成,蒙版则会随着位置的移动而移动,也就是说,预合成可以把整个图层制作成一个独立的新图层,具有独立的动画属性,这样就方便制作二次动画了。

图 2-119

2.4　文字动画

　　文字动画一直是 After Effects 的一大特色，不同于字幕系统，After Effects 的文字动画具有更为优秀的动画能力，可以制作出更为复杂的动画效果。在本节中，我们将全面讲解 After Effects 的文字动画系统，在后面的章节也会结合插件制作出更为优秀的文字动画特效，如图 2-120 所示。

图 2-120

2.4.1　创建文字图层

　　文字动画有很多都是在后期软件中完成的，后期软件并不能使字体有很强的立体感，而优势在于字体运动所产生的效果。After Effects 的【文本工具】可以制作出用户可以想象出的各种效果，使创意得到最好的展现。使用【文字工具】可以直接在【合成】面板中创建文字，其分为横排和直排两种，当创建了文字后，可以单击工具箱右侧的【切换字符和段落面板】图标█，调整文字的大小、颜色、字体等基本属性。

　　文本图层的属性中除了【变换】属性，还有【文本】属性，这是文本特有的属性。【文本】属性中的【源文本】属性可以制作与文本相关属性的动画，例如，颜色、字体等。利用【字符】和【段落】面板中的工具，改变文本的属性制作动画。下面以改变颜色为例，制作一段【源文本】属性的文本动画。

　　当使用【文本工具】在【合成】面板中建立一个文本时，系统自动会生成一个文本图层，当然也可以执行【图层】→【新建】→【文本】命令来创建一个文本图层。当选择【文字工具】时，单击工具箱右侧的 图标，弹出【字符】和【段落】面板，可以通过这两个面板设置文本的字体、大小、颜色和排列等，如图 2-121 所示。

图 2-121

　　在 After Effects 6.0 版本以前是不能直接在【合成】面板中直接建立文本的，经过不断的改进，After Effects 的文本功能已日趋完美。【文本工具】主要用于在合成影片中建立文本，其共有两种文本建立工具：【横排文字工具】 和【直排文字工具】 。

01 当建立好一段文字时，展开【时间轴】面板中文本图层的【文本】属性，单击【源文本】属性前的码表图标 ，设置一个关键帧，如图 2-122 所示。

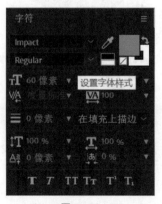

图 2-122

02 移动时间指示器到 01s（秒）的位置，在【字符】面板中单击填充颜色图标，如图 2-123 所示，弹出【文本颜色】对话框，改变文本的颜色。

图 2-123

03 在【源文本】属性上建立了一个新的关键帧，如法炮制，在 2s（秒）处再建立一个改变颜色的关键帧。可以看到这种插值关键帧是方形的，如图 2-124 所示。

图 2-124

技巧与提示：

【源文本】属性的关键帧动画是以插值的方式显示的，也就是说，关键帧之间是没有过渡的，在没有播放到下一个关键帧时，文本将保持前一个关键帧的特征，所以动画就像在播放幻灯片。

2.4.2 路径选项属性

【文本】属性中有一个【路径选项】，展开菜单，在文本图层中建立蒙版时，就可以在蒙版的路径上创建动画效果。蒙版路径在应用于文本动画时，可以是封闭的图形，也可以是开放的路径。下面通过一个实例来体验一下【路径选项】属性的动画效果。新建一个文本图层，输入文字，选中文本图层，使用【椭圆工具】工具●创建一个蒙版，如图 2-125 所示。

图 2-126

图 2-125

在【时间轴】面板中，展开文本图层下的【文本】属性，单击【文本】旁的三角形图标，展开【路径选项】下的选项，在【路径】菜单中选中【蒙版 1】，文本将会沿路径排列，如图 2-126 和图 2-127 所示。

图 2-127

【路径选项】属性中的控制选项都可以制作动画，但要保证蒙版的模式为【无】。

● 反转路径：用于将文字位置翻转，效果如图 2-128 所示。

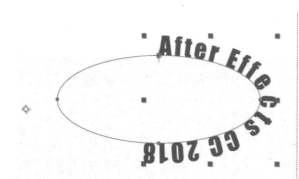

图 2-128

● 垂直于路径: 主要用于控制文字是否与路径相切,如图 2-129 所示。

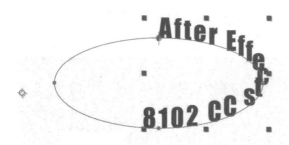

图 2-129

● 强制对齐: 控制路径中的排列方式。在【首字边距】和【末字边距】之间排列文本时,勾选该选项,文字分散排列在路径上。反之,文字将按从起始位置顺序排列,如图 2-130 所示。

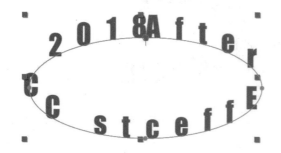

图 2-130

● 首字和末字边距: 分别指定首尾字母所在的位置,与路径文本的对齐方式有直接关系。可以在【合成】面板中对文本进行调整,也可以用鼠标调整字母

的起始位置, 还可以通过改变【首字和末字边距】选项的数值来实现。

单击【首字边距】选项前的码表图标,设置第一个关键帧,然后移动时间指示器到合适的位置,再改变【首字边距】的数值为 100,一个简单的文本路径动画就做成了。

在【路径选项】下面还有一些相关选项,【更多选项】中的设置可以调节出更加丰富的效果,如图 2-131 所示。

图 2-131

● 描点分组: 提供了 4 种不同的文本锚点的分组方式,分别是:【字符】、【词】、【行】、【全部】,如图 2-132 所示。

图 2-132

» 字符: 把每个字符作为一个整体,分配在路径上的位置。

» 词: 把每个单词作为一个个体,分配在路径上的位置。

» 行: 把文本作为一个列队,分配在路径上的位置。

» 全部: 把文本中的所有文字分配在路径上。

● 分组对齐: 控制文本围绕路径排列的随机度。

● 填充和描边: 文本填充与描边的模式。

● 字符间混合: 字母之间的混合模式。

2.4.3　范围选择器

文本图层可以通过文本动画工具创作出复杂的动画效果，当添加文本动画效果时，软件会建立一个【范围选择器】属性，利用起点、终点和偏移值的设置，制作出各种文字运动效果。

为文本添加动画的方式有两种，可以选择【动画】→【动画文本】命令，也可以单击【时间轴】面板中文本图层的【动画】属性旁的三角图标 动画:●。两种方式都可以展开文本动画菜单，菜单中有各种可以加入文本的动画属性，如图 2-133 所示。

图 2-133

当添加了一个文本动画属性后，软件会自动建立一个【范围选择器】属性，如图 2-134 所示。

图 2-134

用户可以反复添加【范围选择器】，多个控制器得出的复合效果非常丰富，下面介绍【范围选择器】的相关参数。

- 起始：设置选择器有效范围的起始位置。
- 结束：设置选择器有效范围的结束位置。
- 偏移：控制【起始】和【结束】范围的偏移值（即文本起始点与选择器之间的距离，如果【偏移】值为 0 时，【起始】和【结束】属性将没有任何作用），【偏移】值的设置在文本动画制作过程中非常重要，该属性可以创建一个可以随时间变化的选择区域，例如，当【偏移】值为 0% 时，【起始】和【结束】的位置可以保持在用户设置的位置，当值为 100% 时，【起始】和【结束】的位置将移动到文本末端的位置。
- 单位和依据：指定有效范围的动画单位，即指定有效范围内的动画，以什么模式为一个单元方式运动，如：【字符】以一个字母为单位，【单词】以一个单词为单位。
- 模式：制定有效范围与原文本的交互模式（共 6 种融合模式）。
- 数量：控制【动画制作工具】属性影响文本的程度。
- 形状：控制有效范围内字母的排列模式。
- 平滑度：控制文本动画过渡时的平滑程度（只有在选择【正方形】模式时才会显示）。
- 缓和高、缓和低：控制文本动画过渡时的速率。
- 随机排序：是否应用有效范围的随机性。
- 随机植入：控制有效范围的随机度（只有在打开【随机排序】时才会显示）。

除了可以添加【范围选择器】，还可以对文本添加【范围】、【摆动】和【表达式】控制器。【摆动】控制器可以做出多种复杂的文本动画效果，电影《黑客帝国》中经典的坠落数字的文本效果就是使用 After Effects 创建的。

下面介绍【摆动】控制器的属性。在【动画制作工具】右侧单击【添加】图标 添加:●，执行【选择器】→【摆动】命令，即可添加【摆动】控制器。

【摆动】控制器主要用来随机控制文本，用户可以反复添加。

● 模式：控制与上方选择器的融合模式（共 6 种融合模式）。

● 最大量、最小量：控制器随机范围的最大值与最小值。

● 依据：居于 4 种不同的文本字符排列形式。

● 摇摆 / 秒：控制器每秒变化的次数。

● 关联：控制文本字符（【依据】属性所选的字符形式）之间相互关联变化随机性的比率。

● 时间和空间相位：控制文本在动画时间范围内控制器的随机值变化。

● 锁定维度：锁定随机值的相对范围。

● 随机植入：控制随机比率。

2.4.4 范围选择器动画

01 执行【合成】→【新建合成】命令，创建一个新的合成，具体设置如图 2-135 所示。

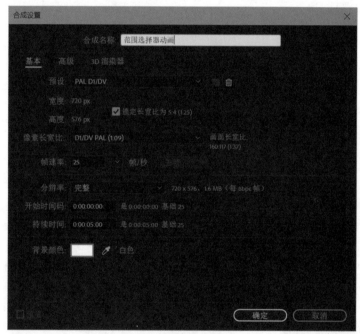

图 2-135

02 选择【文本工具】 ，新建一个文本图层，输入文字 After Effects。

03 为文本图层添加动画效果。选中文本图层，再执行【动画】→【动画文本】→【不透明度】命令，也可以单击【时间轴】面板中【文本】属性右侧的【动画】旁的三角图标 ，在弹出的菜单中选择【不透明度】选项，为文本添加【范围选择器 1】和【不透明度】属性，如图 2-136 所示。

图 2-136

04 在【时间轴】面板中，将时间指示器调整到起始位置，单击【范围选择器 1】属性下【偏移】前的钟表图标 ，设置【偏移】值为 0%，如图 2-137 所示。

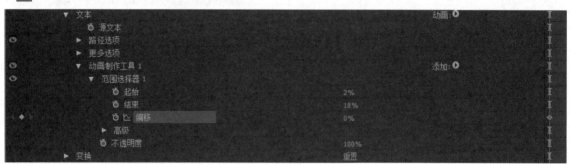

图 2-137

05 调整时间指示器到结束位置，调整【偏移】值为 100% 并设定关键帧，如图 2-138 所示。

图 2-138

06 将【不透明度】值调整为 0%，如图 2-139 所示。

图 2-139

07 播放影片即可看到文本逐显的效果了，如图 2-140 所示。

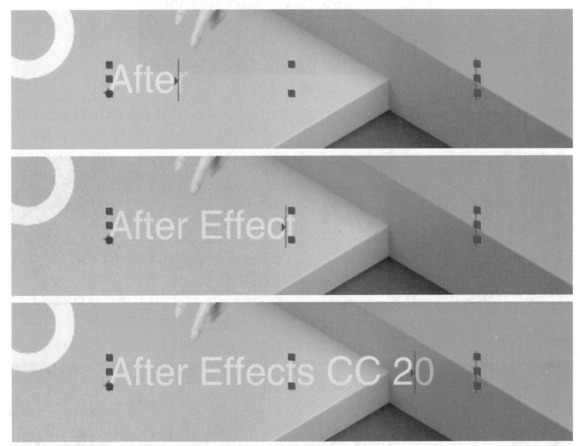

图 2-140

技巧与提示：

第一次接触偏移动画的读者会非常苦恼，不容易理解【偏移】属性所起的作用，好像我们并没有对文字设置任何动画。其实，我们已经知道了透明度的参数，【偏移】属性主要用来控制动画效果范围的偏移值，影响范围才是关键，也就是说，我们对【偏移】值设置关键帧就可以控制偏移值的运动，如果设置【偏移】值为负值，运动方向和正值则正好相反，在实际的制作中我们可以通过调节【偏移】值的动画曲线来控制运动的节奏。

2.4.5 起始与结束属性动画

01 在【范围选择器】属性下，除了【偏移】属性，还有【起始】和【结束】两个属性，该属性用于定义【偏移】的影响范围。对于初学者，理解这个概念存在一定的困难，但是经过反复练习可以熟练掌握。首先创建一段文字，如图 2-141 所示。

02 选中文本图层，再执行【动画】→【动画文本】→【缩放】命令，也可以单击【时间轴】面板中【文本】属性右侧的【动画】旁的三角图标 动画:◎ ，在弹出的菜单中选择【缩放】命令，为文本添加【范围选择器 1】和【缩

放】属性。在【时间轴】面板中，调节【范围选择器 1】属性中【起始】的值为 0%，【结束】的值为 15%，
这样我们就设定了动画的有效范围。在【合成】面板中可以观察到，字体上的控制手柄会随着数值的变化移动
位置，也可以通过鼠标拖曳控制器，如图 2-142 所示。

图 2-141

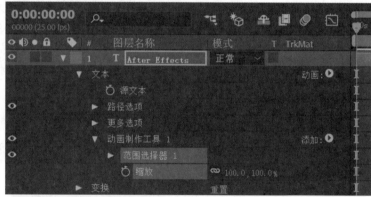

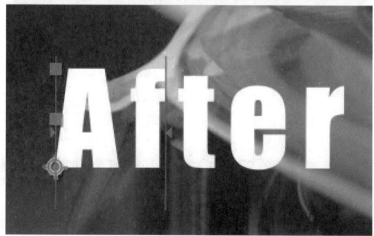

图 2-142

03 设置【偏移】的值，把时间指示器调整到 00s（秒）的位置，单击【偏移】前的钟表图标 ，设置关键帧【偏移】
值为 −15%，再把时间指示器调整到 01s（秒）的位置，设置关键帧【偏移】值为 100%，用鼠标拖动时间指示器，
可以看到控制器的有效范围被制作成了动画，如图 2-143 所示。

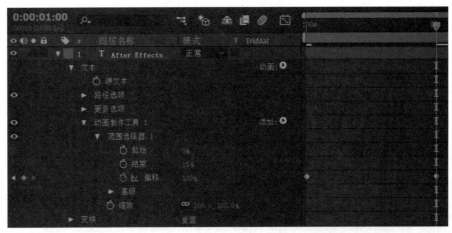

图 2-143

04 调节文本图层的【缩放】值为 250％，即可看到只有在控制器的有效范围内，文本才有缩放动画，如图 2-144 所示。

图 2-144

05 我们再为文本添加一些效果，单击文本图层【动画 1】属性右侧的图标，在展开菜单执行【属性】→【填充颜色】→ RGB 命令，为文本添加【填充颜色】效果。此时在文本图层中多了一个【填充颜色】属性，修改【填充颜色】为紫色，然后按下数字键盘的 0 键，播放动画观察效果，此时可以看到文本在放大的同时在改变颜色，如图 2-145 所示。

图 2-145

> **技巧与提示：**
>
> 这个实例使用了【起始】和【结束】属性，用户也可以为这两个属性设置关键帧，以满足影片画面的需求，其他的属性添加方式相同，不同的属性组合在一起，得出的效果是不一样的，可以多尝试，创作出新的文本效果。

2.4.6　文本动画预设

在 After Effects 中预设了很多文本动画效果，如果对文本没有特别的动画制作需求，只是将文本以动画的形式展现出来，使用动画预设是一个不错的选择。下面学习如何添加动画预设。

首先在【合成】面板中创建一段文本，在【时间轴】面板中选中文本图层，执行【窗口】→【效果与预设】命令，可以看到【效果预设】面板中出现了【动画预设】一项，如图 2-146 所示。

展开【动画预设】（注意不是下面的【文本】效果），【动画预设】/Text 中的预设都是定义文本动画的。其中 Animate in 和 Animate Out 就是经常要制作的文字呈现和隐去的动画预设，如图 2-147 所示。

展开其中的预设命令，选中需要添加的文本，双击需要添加的预设在【合成】面板中播放动画，可以看到文字动画已经设定成功。展开【时间轴】

面板上的文本属性，可以看到范围选择器已经被添加到文本上，预设的动画也可以通过调整关键帧的位置来调整动画时间的变化。

图 2-146

　　如果需要预览动画预置的效果也十分简单，在【效果和预设】面板单击右上角的▤图标，在菜单中选择【浏览预设】命令，即可在 Adobe Bridge 中预览动画效果（一般情况下，Adobe Bridge 软件

都是自动安装的），如图 2-148 所示。

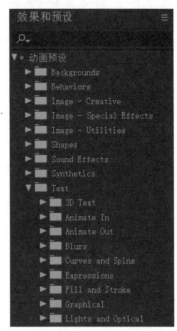

图 2-147

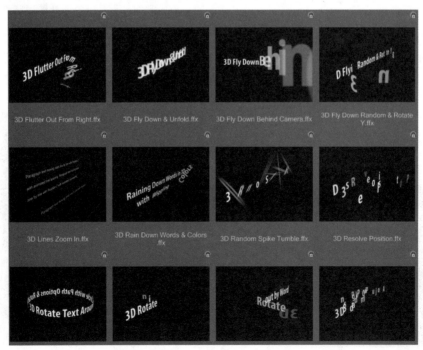

图 2-148

2.5 操控点工具

【操控点工具】用于在静态图片上添加操控点，然后通过操纵关节点来改变图像内容，如同操纵木偶一般。在 After Effects 2018 中，【操控点工具】添加了新功能和更平滑的变形能力，提供了新的操控点行为以及更平滑、定制程度更高的变形能力（从丝带状到弯曲）。对任何形状或人偶应用操控点，【操控点工具】将基于操控点的位置动态重绘网格。可以在区域中添加多个操控点，并保留图像细节。【操控点工具】还可以控制操控点的旋转，以实现不同样式的变形，从而更加灵活地弯曲画面。该工具可以做出很好的联动动画，使用该工具做出飘动的旗子或者人物的手臂动作。【操控点工具】由 3 个工具组成，分别如下。

- ⚙（操控点工具）：用来放置操控点和移动操控点的位置。
- ⚙（操控扑粉工具）：用来放置延迟点。在延迟点放置范围内影响的图像部分，将会减少被【操控点工具】的影响程度。
- ⚙（操控叠加工具）：用来放置交迭点。交叠点周围的图片将出现一个白色区域，该区域表示在产生图片扭曲时，该区域的图像将显示在最上面。

导入本书附赠素材中"工程文件"的"操控点小人"文件，当放置第一个控点时，轮廓中的区域自动分隔成三角形网格。如果无法看到网格，选中【操控点工具】，在工具栏右侧勾选【显示】命令左侧的选项，就可以看到网格了。左侧的【扩展】参数用于控制网格影响范围，【密度】用于控制网格密度，细密的网格可以制作更为精细的动画效果，但也会加重运算负担。网格的各个部分还与图像的像素关联，因为像素会随网格移动，如图 2-149 所示。

图 2-149

当我们继续为小人的手臂添加操控点时，网格的密度会自动增加，如图 2-150 所示。

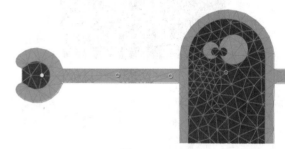

图 2-150

在【时间轴】面板中展开图层属性，如图 2-151 所示，可以看到在【效果】属性中多了【操控】属性，也可以找到每一个添加的操控点，使用【选取工具】移动操控点可以看到其他区域的图像也会跟着运动，如图 2-152 所示。

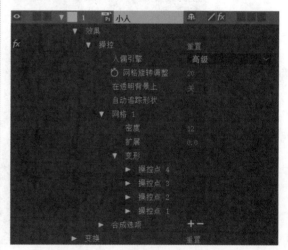

图 2-151

这时移动小人的手臂与身体重合，手的位置在
身体的后面，可以使用【操控叠加工具】调整同一
图层素材重叠时的前后顺序，如图 2-154 所示。

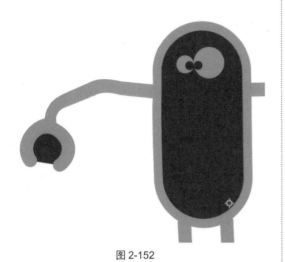

图 2-152

此时会发现，在移动手臂的操控点时，身体也
会跟着运动，这是我们不想看到的，此时需要使用
【操控扑粉工具】固定不希望移动的区域，在工具
箱选择【操控扑粉工具】，在需要固定的位置放
置点，如图 2-153 所示。

图 2-154

选中【操控叠加工具】，在手臂的部分添加
重叠点，每次单击都会出现一个蓝色的点，网格会
被覆盖上半透明的白色遮罩。我们必须将遮罩部分
覆盖需要重叠的部分图像，如果有遗漏的网格会被
放置在画面后面，就会显示出破碎的面，如图 2-155
和图 2-156 所示。这些点在【时间轴】面板中图层
的属性下也可以找到。

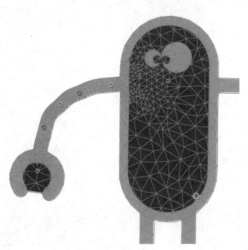

图 2-153

可以看到【操控扑粉工具】的点是以红色显示
的，并且同时加密了网格。再次移动操控点时可以
看到身体部分不会跟随移动了。展开每个操控点的
属性，可以使每个点在【位置】和【扑粉】属性之
间转换。

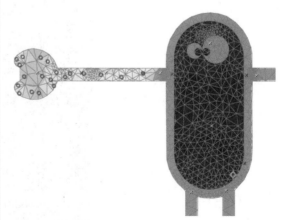

图 2-155

图 2-156

2.6 基本图形

【基本图形】面板为动态图形创建自定义控件，并通过 Creative Cloud Libraries 将它们共享为动态图形模板或本地文件。【基本图形】面板就像一个容器，可以在其中添加、修改不同的控件，并将其打包为可共享的动态图形模板。可以从工作区中使用一个名为【基本图形】的新工作区，它可以与 After Effects 中的【基本图形】面板配合使用。执行【窗口】→【工作区】命令，访问工作区。

在 After Effects 中创建的动态图形模板作为 After Effects 中的项目文件打开，从而保留合成和资源。编辑 After Effects 中的模板，将其替换为原始项目（.aep）或导出为新动态图形模板，供用户在 Premiere Pro 中使用，如图 2-157 所示。

在实际的动画制作过程中，一般将所有素材分图层导入，例如手臂和手、腿和脚，躯干也会分成几个部分，这样在制作动画时就不会相互影响了，在不同图层之间设置父子关系，可以使不同的部分联动，创建出复杂的动画效果。

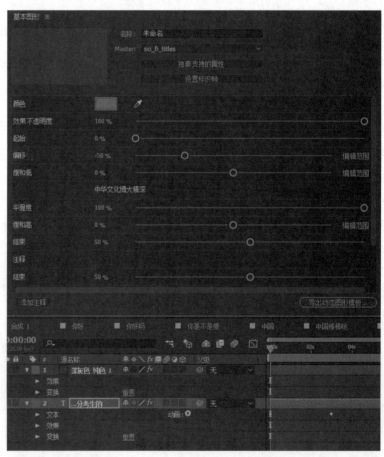

图 2-157

After Effects 中有 3 种主要方式使用【基本图形】面板。

● 将参数从【时间轴】面板中拖至【基本图形】面板，在经常更改的合成中创建元素的快捷键。

● 创建主控件的主属性，允许在合成嵌套在另一个合成中时，修改该合成的效果和图层属性。

● 导出动态图形模板（.mogrt），将用户的 After Effects 项目封装到可以直接在 Premiere Pro 中编辑的动态图形模板中，将设计所需的所有源图像、视频和预合成都打包在模板中。

下面通过一个实例来说明【基本图形】在 After Effects 和 Premiere Pro 使用方法。

首先制作一个带有动态文本的字幕条，可以添加字体、特效、颜色等信息，也可以直接打开本书附赠素材中"工程文件"的对应章节制作好的"基本图形案例"项目，如图 2-158 所示。

图 2-158

这里简单地制作了一个类似电视节目字幕条的字体效果，包括播出时间等信息，在实际的工作中会经常使用到。当我们制作好项目后，播出时间和内容临时调整，或者客户对色彩不满意需要进行调整，但是已经在 Premiere Pro 中输出了，再次打开 After Effects 进行编辑会异常麻烦。这时就可以使用【基本图形】模板，执行【窗口】→【基本图形】命令，打开【基本图形】面板。在【主合成】选项中选择需要调整的合成，这里选择【基本图形案例】，如图 2-159 所示。

图 2-159

在【时间轴】面板中展开 PM 09:00-10:00 的属性，找到【源文本】属性，该属性主要控制文本的内容。选中该属性，拖至【基本图形】面板。可以看到该属性被添加到【基本图形】属性中了。也可以在【时间轴】面板中选择一个属性，然后执行【动画】→【将属性添加到基本图形】命令，或者在【时间轴】面板中右击一个属性，然后在弹出的快捷菜单中选择【将属性添加到基本图形】命令，如图 2-160 所示。

图 2-160

选择文字的【源文本】属性并拖至【基本图形】面板，为了方便识别，可以更改属性名称，当导入 Premiere Pro 时便于修改，如图 2-161 所示。

图 2-161

在【时间轴】面板中展开形状图层属性，在【填充 1】中找到【颜色】属性，将其拖至【基本图形】面板，如图 2-162 所示。

图 2-162

将属性名称改为"字幕条颜色",如图 2-163 所示。可以拖动的属性包括【变换】、【蒙版】和【材质】等。

图 2-163

受支持的控件类型:复选框、颜色、数字滑块(单值数值属性),如【变换】中的【不透明度】或滑块控件表达式控制效果、源文本、2D 点属性、角度属性等。

如果添加不受支持的属性,系统会显示警告消息:"After Effects 错误:尚不支持将属性类型用于动态图形模板"。

采用同样的方式将其他两个底色也拖至【基本图形】面板,并重命名,如图 2-164 所示。

将该项目命名为 AETV,也可以为该【基本图形】添加注释,实际工作时大部分是团队协作,对项目进行注释是十分必要的。在【基本图形】面板底部单击【添加注释】按钮,可以添加多个注释,并且可以为它们重命名和重新排序,还可以根据需要进行撤销和重做添加注释、将注释重新排序以及移除注释的操作,如图 2-165 所示。

图 2-164

图 2-165

在【基本图形】面板单击右下角的【导出为动态图形模板】按钮,将项目导出。在弹出的对话框中选择【本地模板文件夹】,在【兼容性】中还有两个选项,分别介绍如下,如图 2-166 所示。

● 如果此动态图形模板使用 Typekit 上不提供的字体,请提醒我:如果希望合成所用的任何字体在 Typekit 上不可用时发出提醒,勾选该选项。

● 如果需要安装 After Effects 才能自定义此动态图形模板,请提醒我:如果仅需导出与 After Effects 无关的功能(例如任何第三方增效工具),勾选该选项。

启动 Premiere Pro，执行【窗口】→【基本图形】命令，打开【基本图形】面板，可以看到 Premiere Pro 已经扫描到该模板，如图 2-167 所示。

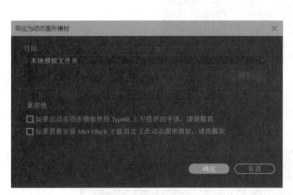

图 2-166

图 2-167

在【项目】面板右下角单击【新建】按钮，为项目建立一个序列，如图 2-168 所示。

在【序列预设】中选择和【基本图形】项目对应的预设，如图 2-169 所示。

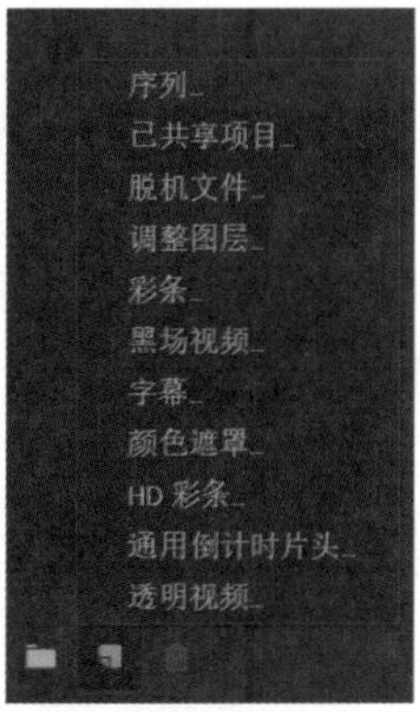

图 2-168

图 2-169

在【基本图形】面板选中 AETV 项目，并拖至新建的序列，如果项目与序列不匹配，系统会进行提示，如图 2-170 所示。

图 2-170

拖动时间指示器观察动画，可以看到 Premiere Pro 可以直接读取 After Effects 的项目文件，如图 2-171 所示。

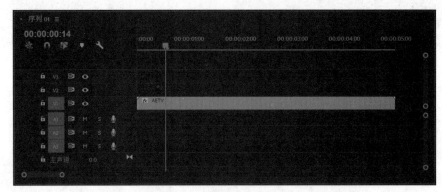

图 2-171

选中该序列，在【基本图形】面板中可以看到在 After Effects 中编辑的各种属性，如图 2-172 所示。

图 2-172

修改播放时间、剧场的文字内容，以及背景字幕条的颜色，在视图中观察到对应的文字和颜色都发生了变化，但动画的内容保持不变，如图 2-173 和图 2-174 所示。

图 2-173

图 2-174

3.1 After Effects 三维空间的基本概念

3.1.1 3D 图层的概念

3D（三维）的概念是建立在 2D（二维）的基础之上的，我们所看到的任何画面都是在 2D 空间中形成的，无论是静态还是动态的画面，到了边缘只有水平和垂直两种边界，但画面所呈现的效果可以是立体的，这是人们在视觉上形成的错觉。

在三维立体空间中，我们经常用 X、Y、Z 坐标来表示物体在空间中所呈现的状态，这一概念来自数学体系。X、Y 坐标呈现出二维的空间，也就是我们常说的长和宽。Z 坐标是体现三维空间的关键，它代指深度，也就是我们所说的远和近。在三维空间中可以通过对 X、Y、Z 三个不同方向的坐标的调整，达到确定一个物体在三维空间中所在位置的目的。现在有很多优秀的三维软件可以制作出各种各样的三维效果。After Effects 虽然是一款后期处理软件，但也有着很强的三维处理能力，在 After Effects 中可以显示 2D 图层，也可以显示 3D 图层，如图 3-1 所示。

图 3-1

技巧与提示：

在 After Effects 中可以导入某些三维软件制作的文件信息，但并不能像在三维软件中一样，随意控制和编辑这些物体，也不能建立新的三维物体。这些信息在实际的制作过程中主要用来匹配镜头和做一些相关的对比工作。在 After Effects CC 中加入了对 C4D 文件的无缝连接，这大幅加强了 After Effects 的三维功能，C4D 这款软件一直致力于在动态图形设计方向的发展，这次和 After Effects 的结合，进一步确立了在这方面的霸主地位。

3.1.2　3D 图层的基本操作

创建 3D 图层是一件很简单的事，与其说是创建，其实更像是在转换。执行【合成】→【新建合成】命令，按快捷键 Ctrl+Y，新建一个纯色图层，设置颜色为紫色，这样方便观察坐标轴，然后缩小该图层到合适的尺寸，如图 3-2 所示。

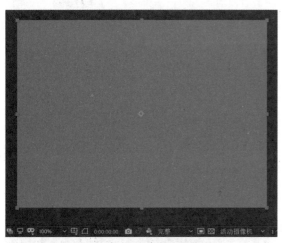

图 3-2

单击【时间轴】面板中【3D 图层】图标下对应的方框，方框内出现立方体图标，这时该层就被转换成 3D 图层了，也可以通过执行【图层】→【3D 图层】命令进行转换。打开纯色图层的属性列表，此时会看到多出了许多属性，如图 3-3 所示。

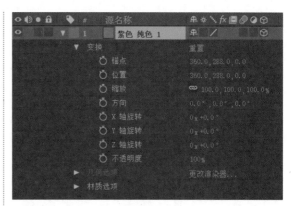

图 3-3

使用【旋转工具】，在【合成】面板中旋转该图层，可以看到图层的图像有了立体的效果，并出现了一个三维坐标控制器，红色箭头代表 X 轴（水平），绿色箭头代表 Y 轴（垂直），蓝色箭头代表 Z 轴（深度），如图 3-4 所示。

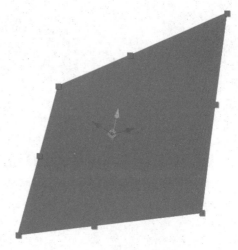

图 3-4

同时在【信息】面板中也出现了 3D 图层的坐标信息，如图 3-5 所示。

图 3-5

技巧与提示：

如果在【合成】面板中没有看到坐标轴，可能是因为没有选中该图层或软件没有显示控制器，执行【视图】→【视图选项】命令，弹出【视图选项】对话框，勾选【手柄】选项即可。

3.1.3 观察 3D 图层

在 2D 的图层模式下，图层会按照在【时间轴】面板中的顺序依次显示，也就是说，位置越靠前，在【合成】面板中就会越靠前显示。而当图层打开 3D 模式时，这种情况就不存在了。图层的前后完全取决于它在 3D 空间中的位置，如图 3-6 所示。

图 3-6

此时必须通过不同的角度来观察 3D 图层之间的关系，单击【合成】面板中的 活动摄像机 ▼ 图标，在弹出的菜单中选择不同的视角，也可以执行【视图】→【切换 3D 视图】子菜单中的命令切换视图。默认选择的视图为【活动摄像机】，其他视图还包括 6 种不同方位视图和 3 个自定义视图，如图 3-7 所示。

图 3-7

用户也可以在【合成】面板中同时打开 4 个视图，如图 3-8 所示。从不同的角度观察素材，单击【合成】面板的【选择视图布局】图标 1 个视图 ▼，在弹出的菜单中选择【四个视图】选项。

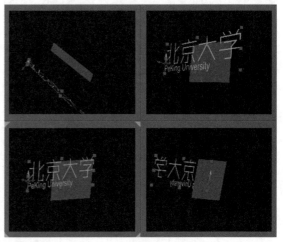

图 3-8

在【合成】面板中对图层进行移动或旋转等操作时，按住 Alt 键，图层在移动时会以线框的方式显示，这样方便用户与操作前的画面做对比，如图 3-9 所示。

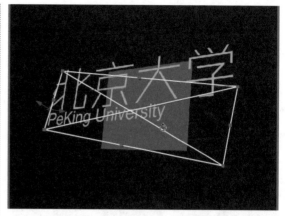

图 3-9

3.2　灯光图层

灯光可以丰富画面光感的细微变化，这是手工模拟所无法达到的。我们可以在 After Effects 中创建灯光，用来模拟现实世界中的光照效果。灯光在 After Effects 的 3D 效果中有着不可替代的作用，各种光线效果和阴影都有赖灯光的支持。灯光图层作为 After Effects 中的一种特殊图层，除了正常的属性值，还有着一组灯光特有的属性，我们可以通过设置这些属性来控制画面效果。

执行【图层】→【新建】→【灯光】命令来创建一个灯光图层，同时会弹出【灯光设置】对话框，如图 3-10 所示。

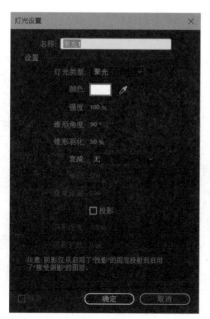

图 3-10

3.2.1　灯光的类型

熟悉三维软件的用户对这几种灯光类型并不陌生，大多数三维软件都有这几种灯光类型，按照不同需求，After Effects 提供了 4 种光源，分别是【平行】、【聚光】、【点】和【环境】。

● 平行：光线从某个点发射并照向目标位置，光线为平行照射，类似太阳光，光照范围是无限远的，它可以照亮场景中位于目标位置的每个物体，如图 3-11 所示。

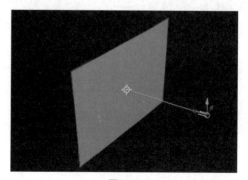

图 3-11

● 聚光：光线从某个点发射，以圆锥形呈放射状照向目标位置。被照射物体会形成一个圆形的光照范围，可以通过调整【锥形角度】来控制照射范围的面积，如图 3-12 所示。

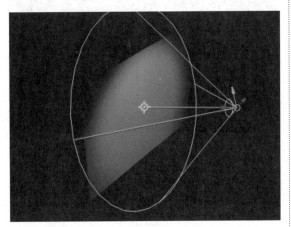

图 3-12

● 点：光线从某个点发射并向四周扩散，随着光源距离物体变远，光照的强度会衰减。其效果类似人工光源，如图 3-13 所示。

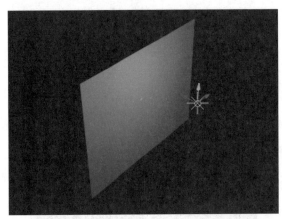

图 3-13

● 环境：光线没有发射源，可以照亮场景中所有的物体，但环境光源无法产生投影，通过改变光源的颜色来统一整个画面的色调，如图 3-14 所示。

3.2.2 灯光的属性

在创建灯光时可以定义灯光的属性，也可以创建后在属性栏中修改。下面详细介绍灯光各个属性

的调整方法，如图 3-15 所示。

图 3-14

图 3-15

● 强度：控制灯光的强度。强度越高，灯光越亮，场景受到的照射就越强。当【强度】值为 0 时，场景就会变黑。如果将【强度】设置为负值，可以去除场景中某些颜色，也可以吸收其他灯光的强度，如图 3-16 和图 3-17 所示。

图 3-16

图 3-17

图 3-19

- 颜色：控制灯光的颜色。
- 锥形角度：控制照明角度。只有聚光灯有此属性，主要来调整灯光照射范围的大小，角度越大，光照范围越大，如图 3-18 和图 3-19 所示。

图 3-18

- 锥形羽化：控制光照范围的羽化值。只有聚光灯有此属性，可以使聚光灯的照射范围产生一个柔和的边缘，如图 3-20 和图 3-21 所示。

图 3-20

- 衰减：这个概念来源于现实中的灯光，任何光线都带有衰减的属性，在现实中当一束光照射出去，站在十米远和百米远所看到的光的强度是不同的，这就是灯光的衰减。而在 After Effects 中如果不进行设置，灯光是不会衰减的，会一直持续地照射下去，【衰减】属性可以设置为开启或关闭。
- 半径：控制衰减的半径。
- 衰减距离：控制衰减的距离。
- 投影：选中该选项，灯光会在场景中产生的投影。如果要看到投影的效果，同时要打开图层材质属性中的相应属性。

» 投影深度：控制阴影的颜色深度。

» 投影扩散：控制阴影的扩散，主要用于控制图层与图层之间距离产生的漫反射效果，如图 3-22 和图 3-23 所示。

图 3-21   图 3-22

图 3-23

3.2.3   几何选项

如果要使用【光线追踪 3D】渲染模式，需要执行【合成】→【合成设置】命令，在弹出对话框的【3D 渲染器】选项卡中进行设置，如图 3-24 所示。当图层被转换为 3D 图层时，除了出现三维空间坐标的属性，还会添加【几何选项】，不同的图层类型被转换为 3D 图层时，所显示的属性会有变化。

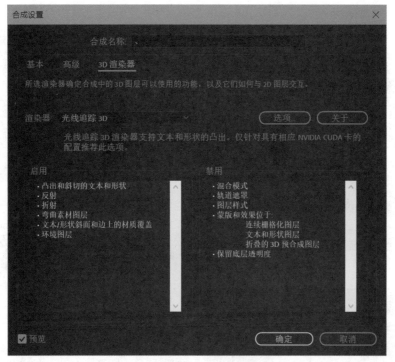

图 3-24

普通图层在转换为 3D 图层时会增加【弯度】和【段】两个属性，一个用于控制图层弯曲的度数，另一个用于分解弯曲面所形成的段数，段数越大，形成的面越光滑。而【文本图层】和【形状图层】的【几何选项】属性较为复杂，类似三维软件中的文字倒角效果，如图 3-25 所示。

图 3-25

下面建立一个场景，学习文本【几何选项】的控制方法。

首先建立一个合成，分别创建【摄像机】和【灯光】，使用【文本工具】在【合成】面板中输入文字并调整到合适的位置，如图 3-26 所示。

图 3-26

此时单击【时间轴】面板中文本图层的【3D 图层】图标下对应的方框，方框内出现立方体图标，这时文本图层已转换成 3D 图层。展开文本图层的属性，可以看到增加了【几何选项】。使用【统一摄像机工具】调整摄像机角度，以便于观察效果。调整【凸出深度】为25，可以看到立体字的效果，如图 3-27 所示。

使用【跟踪 Z 摄像机工具】将镜头拉近，将【斜面样式】修改为【凸面】，调整【斜面深度】

的值，可以看到画面中文字的倒角效果，如图3-28
所示。

图 3-27

图 3-28

3.2.4 材质属性

当场景中创建灯光后，场景中的图层受到灯
光的照射，图层中的属性需要配合灯光。当图层的
3D属性打开时，【材质选项】属性将被开启。下
面介绍该属性的使用方法（当使用光线追踪渲染器
时，材质属性会发生变化），如图3-29所示。

● 投影：控制是否形成投影。而透射阴影的角度和
　明度则取决于灯光，也就是这个功能对应的灯光
　图层，观察这个效果必须先建一盏灯光，并打开
　灯光图层的【投影】属性。【投影】属性有3个
　选项：【开】打开投影；【关】关闭投影；【仅】
　只显示投影不显示图层（需要注意的是灯光的【投

影】选项也要打开才能投射阴影），如图3-30所示。

图 3-29

图 3-30

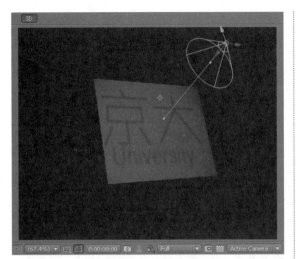

图 3-30（续）

● 透光率：控制光线穿过图层的比率。

当调大该参数时，光线将穿透图层，而图层的颜色也将继承给投影。适当调整该值，将会使投影变得更真实。设置一个这样的场景用于说明【透光率】的概念：建立一盏灯，将两个图片在三维空间中呈 90°角竖立，如果【透光率】的值为 0 时，画面的阴影部分一片漆黑，如图 3-31 所示。

图 3-31

将【透光率】设置为 50% 时，可以看到图片的内容被清楚地映衬在阴影中。在实际的工作中，一般不将投射原物体显示在画面中，只需要投射出的阴影效果即可，树叶的影子大多是通过这种方式

模拟的，如图 3-32 所示。

图 3-32

● 接受阴影：控制当前图层是否接受其他图层投影的阴影。

● 接受灯光：控制当前图层本身是否接受灯光的影响，如图 3-33 所示。

图 3-33

熟悉三维软件的用户对这几个属性不会陌生，这是控制材质的关键属性。因为是后期软件，这些属性所呈现出的效果并不像三维软件中那么明显。

● 环境：控制反射周围物体的比率。

● 漫射：控制接受灯光的物体发散比率。该属性决定图层中的物体受到灯光照射时，物体反射光线的发散率。

图 3-33（续）

- 镜面强度：控制光线被图层反射出去的比率。100% 为最多的反射；0% 为无镜面反射。
- 镜面反光度：控制镜面高光范围的大小。仅当【镜面强度】参数大于 0 时，此值才处于激活状态。100% 为具有小镜面高光的反射。0% 为具有大镜面高光的反射。
- 金属质感：控制高光颜色。值为最大时，高光色与图层的颜色相同，反之，则与灯光颜色相同。

如图 3-34 所示的【反射强度】等参数为光线追踪独有的渲染属性。

图 3-34

- 反射强度：控制其他反射的 3D 对象和环境映射，在多大程度上显示在此对象上。

- 反射锐度：控制反射的锐度或模糊度。较高的值会产生较锐利的反射，而较低的值会使反射变模糊。
- 反射衰减：针对反射面，控制"菲涅耳"效果的量（即处于各个掠射角时的反射强度）。
- 透明度：控制材质的透明度，并且不同于图层的【不透明度】属性。具有完全透明的表面，仍然会出现反射和镜面高光。
- 透明度衰减：针对透明的表面，控制相对于视角的透明度。当直接在表面上查看时，透明度为该值，当以某个掠射角查看时（例如，沿弯曲对象的边缘直接查看它时），将更加不透明。
- 折射率：控制光如何弯曲通过 3D 图层，以及位于半透明图层后的对象如何显示。

不要轻视这些数据的细微差别，影片中物体的细微变化，都是在不断调试中得到的，只有精细地调整这些数据，才能得到完美的效果。结合【光线追踪 3D】渲染器，通过调整图层的【几何选项】和【材质选项】，可以调整出三维软件才能制作出的逼真效果，如图 3-35 所示。

图 3-35

3.3　摄像机

摄像机主要用来从不同的角度观察场景。其实我们一直在使用摄像机，当创建一个项目时，系统会自动地建立一台摄像机，即【活动摄像机】。用户可以在场景中创建多台摄像机，还可以为摄像机设置关键帧，从而得到丰富的画面效果。动画之所以不同于其他艺术形式，就在于它观察事物的角度有着多种方式，可以给观众带来与平时不同的视觉刺激。

摄像机在 After Effects 中也是作为一个图层出现的，新建的摄像机被排在堆栈图层的顶部，用户可以通过执行【图层】→【新建】→【摄像机】命令创建摄像机，此时会弹出【摄像机设置】对话框，如图 3-36 所示。

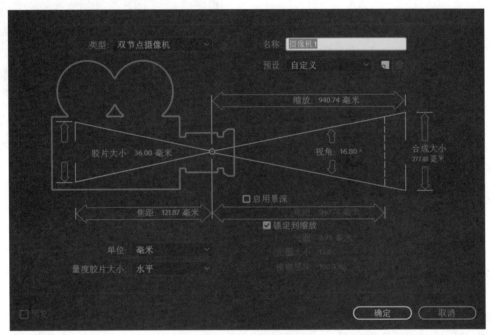

图 3-36

After Effects 中的摄像机和现实中的摄像机类似，用户可以调节镜头的类型、焦距和景深等。After Effects 提供了 9 种常见的摄像机镜头，下面简单介绍其中的几个镜头类型。

● 15mm 广角镜头：镜头可视范围极大，但镜头会使看到的物体拉伸，产生透视上的变形。用这种镜头可以使画面变得很有张力，冲击力很强。

● 200mm 长焦镜头：镜头可视范围极小，镜头不会使看到的物体发生拉伸。

● 35mm 标准镜头：这是我们常用的镜头，和人类正常看到的图像近似。

其他几种镜头类型都在 15mm ～ 200mm，选中某一种镜头时，相应的参数也会改变。【视角】控制可视范围的大小；【胶片大小】指定胶片用于合成图像的尺寸；【焦距】则指定焦距长度。当在项目中建立一台摄像机后，用户可以在【合成】面板中调整摄像机的位置，也可以在面板中看到摄像机的目标位置和机位，如图 3-37 所示。

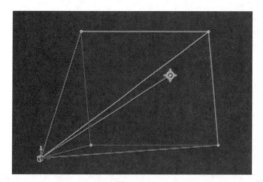

图 3-37

如果要调节这些参数，必须在另一个摄像机视图中进行，因为不能在摄像机视图中选择当前摄像机。工具箱中的摄像机工具可以帮助用户调整视图角度，这些工具都是针对摄像机工具而设计的，所以在项目中必须有 3D 图层存在，这样这些工具才能起作用，如图 3-38 所示。

图 3-38

● ▣（统一摄像机工具）：设置摄像机的常规操作。
● ◎（轨道摄像机工具）：使用该工具可以向任意方向旋转摄像机视图。

● ▣（跟踪 XY 摄像机工具）：在水平或垂直方向上，移动摄像机视图。
● ▣（跟踪 Z 摄像机工具）：缩放摄像机视图。

下面具体介绍摄像机图层中的【摄像机选项】，如图 3-39 所示。

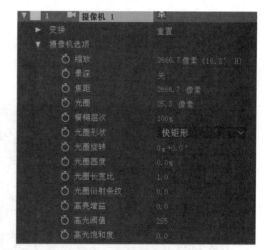

图 3-39

● 缩放：控制摄像机镜头到镜头视线框之间的距离。
● 景深：控制是否开启摄像机的景深效果。
● 焦距：控制镜头中焦点位置。该属性模拟了镜头焦点处的模糊效果，位于焦点的物体在画面中显得清晰，周围的物体会根据焦点所在位置为半径进行模糊，如图 3-40 和图 3-41 所示。

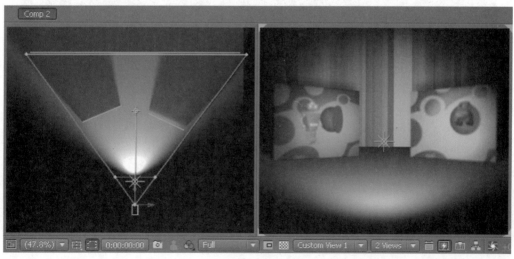

图 3-40

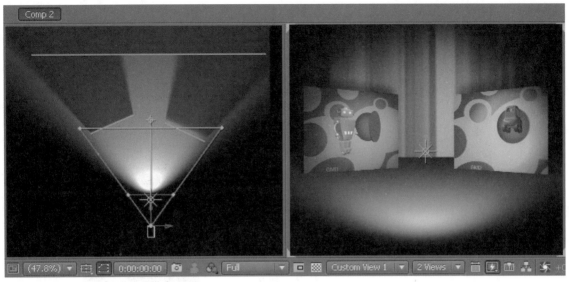

图 3-41

● 光圈：控制光圈尺寸。镜头光圈越大，受焦距影响的像素就越多，模糊范围就越大。
● 模糊层次：控制聚焦效果的模糊程度。
● 光圈形状：控制模拟光圈叶片的形状模式，以多边形组成从三边形到十边形。
● 光圈旋转：控制光圈旋转的角度。
● 光圈圆度：控制模拟光圈形成的圆滑程度。
● 光圈长宽比：控制光圈的长宽比。
● 光圈衍射条纹、高亮增益、高亮阈值、高光饱和度：这些属性只有在【经典 3D】模式下才会显示，主要用于控制【经典 3D】渲染器中高光部分的细节。

技巧与提示：

After Effects 中的 3D 效果在实际制作过程中都是用来辅助三维软件的，也就是大部分的三维效果都是用三维软件生成的，After Effects 中的 3D 效果多用来完成一些简单的三维效果，以提高工作的效率，同时还能模拟真实的光线效果，丰富画面的元素，使影片效果显得更生动。

3.4　运动跟踪

3.4.1　点跟踪

通过运动跟踪，我们可以跟踪画面的运动，然后将该运动的跟踪数据应用于另一个对象（例如另一个图层或效果控制点）来创建图像和效果在其中跟随运动的合成效果。执行【窗口】→【跟踪器】命令，打开【跟踪器】面板，如图 3-42 所示。

图 3-42

打开本书附赠素材中"工程文件"的对应章节的跟踪案例工程文件,可以看到项目中有两个图层,上面一个图层是制作好的动态文字,下面这个图层就是需要跟踪的素材画面,双击该素材,可以看到在【图层】面板中素材被显示出来了,如图 3-43所示。

图 3-43

单击【跟踪器】面板中的【跟踪运动】按钮,在【图层】面板素材的中央会建立一个跟踪点,在【时间轴】面板可以展开【动态跟踪器】的属性,其中有一个【跟踪点 1】,如图 3-44 和图 3-45 所示。

图 3-44

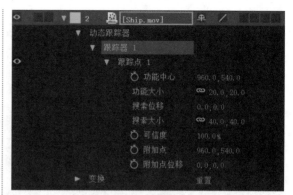

图 3-45

在使用了运动跟踪后,在素材上会出现一个跟踪范围的方框,如图 3-46 所示。

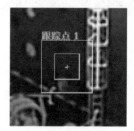

图 3-46

外面的方框为搜索区域,中间的方框为特征区域,一共有 8 个控制点,用鼠标可以改变两个区域的大小和形状。搜索区域的作用是定义下一帧的跟踪,搜索区域的大小与跟踪物体的运动速度有关,通常被跟踪物体的运动速度越快,两帧之间的位移就越大,这时搜索区域也要相应增大。特征区域的作用是定义跟踪目标的范围,系统会记录当前跟踪区域中图像的亮度及物体特征,然后在后续帧中以该特征进行跟踪,如图 3-47 所示。

当设置运动跟踪时,经常需要通过调整特性区域、搜索区域和附加点来设置跟踪点。可以使用【选择工具】分别或成组地这只这些项目的大小或对其进行移动。为了定义要跟踪的区域,在移动特性区域时,特性区域中的图像区域被放大到 400%。

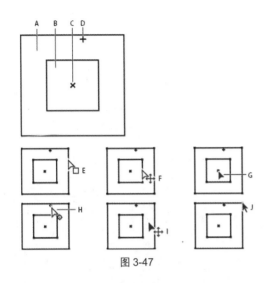

图 3-47

A. 搜索区域 B. 特性区域 C. 关键帧标记 D. 附加点 E. 移动搜索区域 F. 同时移动两个区域 G. 移动整个跟踪点 H. 移动附加点 I. 移动整个跟踪点 J. 调整区域的大小

技巧与提示：

在设置跟踪时，要确保跟踪区域具有较强的颜色和亮度特征，与周围有较强的对比度。如果有可能，要在前期拍摄时就要定义好跟踪物体。

将跟踪点移动到需要跟踪的图像上，需要保持该图像一直显示，并且该图像区别于周围的画面，我们选择船上的窗户作为跟踪对象，如图 3-48 所示。

图 3-48

在【时间轴】面板中把时间指示器移动到 1s 的位置，也就是跟踪起始的位置，在【跟踪器】面板，单击【分析】右侧的▶按钮，对画面进行跟踪分析。在【时间轴】面板中可以看到跟踪点被逐帧地记录下来，如图 3-49 所示。

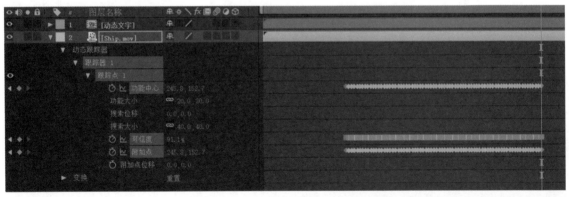

图 3-49

执行【图层】→【新建】→【空对象】命令，建立一个空对象，在【时间轴】面板可以看到一个【空 1】的图层被建立出来，如图 3-50 所示。

图 3-50

【空对象】主要用来当作被依附的父级物体，【空对象】的画面中不显示任何物体。在【跟踪器】面板中单击【编辑目标】按钮，在弹出的【运动目标】对话框中选择【空对象】的图层。这样【空对象】所在的图层就会跟随刚才的跟踪轨迹运动，如图 3-51 所示。

图 3-51

再单击【跟踪器】面板上的【应用】按钮，弹出【动态跟踪器应用选项】对话框，【应用维度】选择 X 和 Y，单击【确定】按钮。在【时间轴】面板的【源名称】栏中右击，在弹出的快捷菜单中执行【列数】→【父级和链接】命令，在【时间轴】面板中会多出一个【父级和链接】选项。选中动态文字图层的螺旋图标，拖至【空对象】所在的图层。这样动态文字的图层就会跟随【空对象】的图层运动，如图 3-52 所示。

图 3-52

在【合成】面板中将动态文字移动到跟踪点的位置，按空格键进行预览，可以看到动态文字一直跟随窗户进行移动，如图 3-53 所示。

除了【单点跟踪】，After Effects 还提供了多种选择。

● 单点跟踪：跟踪影片剪辑中的单个参考样本（小面积像素）来记录位置数据。

● 两点跟踪：跟踪影片剪辑中的两个参考样本，并

使用两个跟踪点之间的关系来记录位置、缩放和旋转数据。

图 3-53

● 四点跟踪或边角定位跟踪：跟踪影片剪辑中的 4 个参考样本来记录位置、缩放和旋转数据。这 4 个跟踪器会分析 4 个参考样本（例如图片帧的各角或电视监视器）之间的关系。此数据应用于图像或剪辑的每个角以固定剪辑，这样它便显示为在图片帧或电视监视器中锁定。

● 多点跟踪：在剪辑中随意跟踪多个参考样本，可以在"分析运动"和"稳定"行为中手动添加跟踪器。当将一个"跟踪点"行为从"形状"行为子类别应用到一个形状或蒙版时，会为每个形状控制点自动分配一个跟踪器。

3.4.2 人脸跟踪器

人脸跟踪是简单的蒙版跟踪，并可以快速应用于人脸，选择性颜色校正或模糊人脸等。通过人脸跟踪，可以跟踪人脸上的特定点，如瞳孔、嘴和鼻子，从而更精细地隔离和处理这些脸部特征。例如，更改眼睛的颜色或夸大嘴部的移动，而不必逐帧调整。

首先打开本书附赠素材中"工程文件"对应章节的 Face 素材，读者也可以使用自己拍摄的脸部素材。在【时间轴】面板中选中素材，使用【椭圆工具】绘制一个蒙版，不需要十分精确，如图 3-54 所示。

图 3-54

执行【窗口】→【跟踪器】命令，打开【跟踪器】面板。可以看到【跟踪器】面板和点跟踪时有所不同，展开【方法】右侧的菜单，选中【脸部跟踪（详细五官）】选项。单击【分析】右侧的 ▶ 按钮，对画面进行跟踪分析，如图 3-55 所示。

图 3-55

可以在【合成】面板中看到，系统自动设置了跟踪点，对五官进行详细的跟踪，如图 3-56 所示。

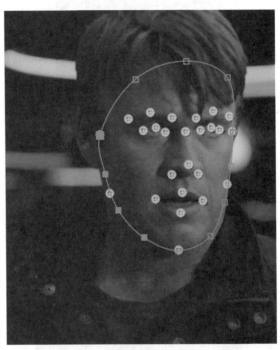

图 3-56

在【时间轴】面板中添加了【效果】属性，展开【脸部跟踪点】，可以看到系统自动将五官进行细分，逐一进行跟踪，如图 3-57 所示。

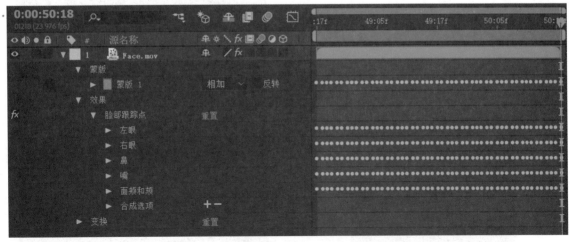

图 3-57

如果再展开五官的属性，可以看到更为详细的参数，如图 3-58 所示。

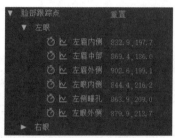

图 3-58

在【效果控件】面板中展开所有属性，也可以看到详细的参数，如图 3-59 所示。

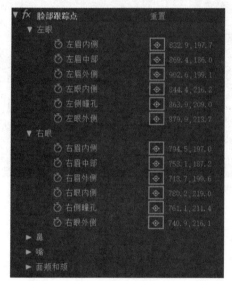

图 3-59

调入本书附赠素材中"工程文件"对应章节的"眼睛 .psd"文件，给跟踪好的脸部素材加上一副眼镜，并且让眼镜跟随脸部运动。调整眼镜的位置和大小，如图 3-60 所示。

图 3-60

在【时间轴】面板中展开眼睛图层的属性，找到并选中【位置】属性，执行【动画】→【添加表达式】，可以看到【位置】属性下方出现了【表达式：位置】属性，如图 3-61 所示。

图 3-61

选中【表达式：位置】属性右侧的螺旋图标◎，并拖至【效果控件】面板中的【鼻】属性下的【鼻梁】参数上，如图 3-62 所示。

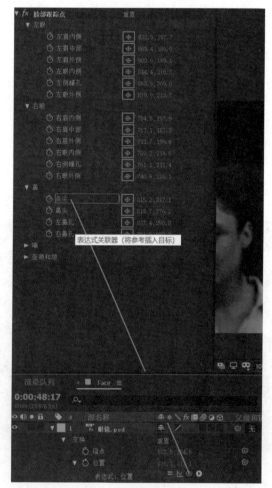

图 3-62

可以看到【表达式：位置】右侧自动添加了 thisComp.layer（"Face.mov"）.effect（"脸部跟踪点"）（"鼻梁"）的表达式内容。按空格键预览，可以看到眼睛一直跟随鼻梁进行移动，如图 3-63 所示。

图 3-63

3.4.3　三维跟踪

三维跟踪可以通过分析素材，计算出摄像机所在位置，在 After Effects 中建立三维图像时可以匹配摄像机镜头，分析的过程就是提取摄像机运动和 3D 场景数据。3D 摄像机运动允许基于 2D 素材正

确合成 3D 元素。打开本书附赠素材中"工程文件"相关章节"3D 跟踪"文件，在【时间轴】面板中选中素材图层，通过两种方式都可以激活三维跟踪。

● 执行【动画】→【跟踪摄像机】命令，或者从图层菜单中执行【跟踪摄像机】命令。
● 执行【效果】→【透视】→【3D 摄像机跟踪器】命令，如图 3-64 所示。

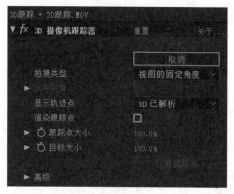

图 3-64

当激活三维跟踪器时，系统即开始对画面进行分析。需要注意的是，镜头的移动需要有一定幅度，如果变化不大或者完全不动，分析会出现失败的情况，如图 3-65 所示。

图 3-65

后台分析完成后，可以看到画面中有很多渲染好的跟踪点。在画面上移动鼠标，可以看到一个圆形的图标用于显示所有可以模拟出的面，每个面都至少由 3 个渲染跟踪点构成，用于形成跟踪的面，如图 3-66 所示。

图 3-66

如果看不太清跟踪点和目标，可以调整【效果控件】面板中【3D摄像机跟踪器】上的【跟踪点大小】和【目标大小】的参数，如图 3-67 所示。

图 3-67

选中一个需要跟踪面，在画面中右击，弹出快捷菜单，用户可以在这个菜单中选择需要建立的图层类型，如图 3-68 所示。

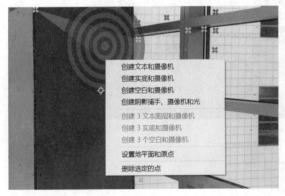

图 3-68

选择第一项【创建文本和摄像机】命令，可以看到画面中直接出现了文本图层，同时会建立一个【3D跟踪器摄像机】，如图 3-69 和图 3-70 所示。

图 3-69

图 3-70

选择第二项【创建实底和摄像机】命令，系统会自动创建一个纯色图层并命名为【跟踪实底】，画面中会出现一个方形的色块，如图 3-71 所示。

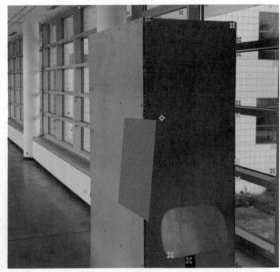

图 3-71

用户可以随意调整纯色图层的大小和在三维空间中的位置，这并不会影响跟踪的结果，如图 3-72 所示。

图 3-72

　　我们还可以使用图层遮罩为跟踪区域添加效果，例如，想要在画面某一个区域进行模糊，首先在【时间轴】面板中选中【3D 跟踪】跟踪素材图层，按快捷键 Ctrl+D 复制出一个新的素材图层，将素材图层的【3D 摄像机跟踪器】删除，也就是在【时间轴】面板把复制出的【3D 跟踪】素材图层的【效果】属性删除，选中该属性直接按 Delete 键，如图 3-73 所示。

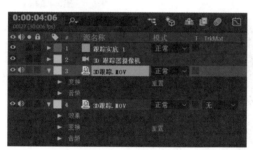

图 3-73

　　选中【3D 跟踪】素材图层并拖至【跟踪实底】的下方，按 F4 键，切换出模式栏，在复制素材图层的 TrkMat 菜单中选中【Alpha 遮罩 "跟踪实底 1"】选项，如图 3-74 所示。

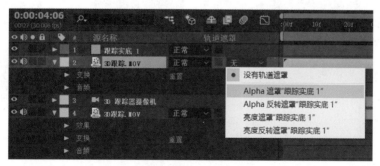

图 3-74

　　画面中可以看到跟踪实底不见了，其实它已经被转化为【Alpha 遮罩】。选中复出的素材图层，执行【效果】→【模糊和锐化】→【高斯模糊】命令，在【时间轴】面板中将【模糊度】调整为 40，如图 3-75 所示。

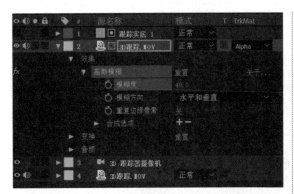

图 3-75

观察画面效果，在原有的【跟踪实底】所在的位置形成了一块模糊的区域，我们用这种方法对动态图像部分区域添加效果。例如，对一块车牌进行模糊处理，或者提亮某一块标识牌的亮度，如图 3-76 所示。

图 3-76

如果对系统提供的跟踪点所形成的面不满意，可以自定义形成跟踪面的点，在【时间轴】面板中

选中【3D 跟踪】图层，在画面中看到出现了红色的目标圆盘，按下 Shift 键选中多个跟踪点就会形成一个面，画面中颜色一致的点就是在一个基本面之上的，如图 3-77 所示。

图 3-77

用户也可以拖动鼠标选择多个点，但这样很容易误操作。其实，在跟踪画面拍摄时，在需要跟踪的面上贴一些对比较为明显的跟踪点会有助于后期的跟踪，这些前期贴上的跟踪点都可以通过后期处理掉，如图 3-78 所示。

图 3-78

3.5 构造 VR 环境

VR 拍摄现在已经并非什么复杂的工程了，一些民用级别的 VR 相机已经推出，例如，Insta360 相机以及小米的 VR 相机。利用两个鱼眼睛头，系统可以将 VR 内容完整地拍摄下来并自动合成，如图 3-79 所示。

图 3-79

这些设备拍摄出来的素材一般为3840*1920@30fps，2560*1280@60fps的长方形视频，我们也可以使用专业的设备拍摄分辨率更高的视频素材。导入本书附赠素材中"工程文件"对应章节的"VR360"视频，在【项目】面板中选中该视频，拖至下方的【新建合成】图标 ，创建一个以视频素材为基础的合成。在【合成】面板中可以看到视频是变形的，因为边缘的部分发生了扭曲，如图 3-80 和图 3-81 所示。

图 3-80

图 3-81

执行【窗口】→ VR Comp Editor.jsx 命令，打开 VR Comp Editor 面板，如图 3-82 所示。

图 3-82

在【时间轴】面板中选中素材，单击【添加3D编辑】按钮，弹出【添加3D编辑】对话框，如图 3-83 所示。

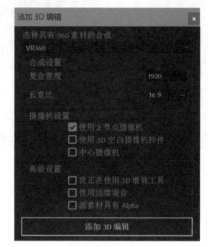

图 3-83

在【选择具有 360 素材的合成】下拉列表中选中 VR360 合成，单击【添加 3D 编辑】按钮，在【时间轴】面板看到系统自动添加了【VR 母带摄像机】，画面也变成了正常视角，如图 3-84 和图 3-85 所示。

图 3-84

在【时间轴】面板中选中【VR 母带摄像机】，使用【轨道摄像机】工具 可以在画面中移动镜头角度，如图 3-86 所示。

图 3-85

图 3-86

如果想进行编辑，单击 VR Comp Editor 面板上的【打开输出 / 渲染】按钮即可回到编辑模式，单击【编辑 1（3D）】按钮即可回到视角模式，如图 3-87 所示。

图 3-87

单击 VR Comp Editor 面板上的【属性】按钮，会打开【编辑属性】面板，如图 3-88 所示。

在该面板中可以对 VR 场景进行 3D 跟踪，使用方法和普通的三维跟踪没有太大区别，也是先进行素材分析，然后添加文字等内容。

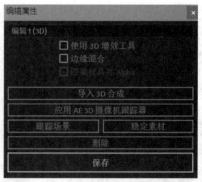

图 3-88

我们还可以为 VR 内容添加效果，进入【效果】→【沉浸式视频】子菜单，其中的效果都是针对 VR 类型视频的，因为普通的效果在作用于 VR 视频时，不会计算镜头扭曲部分的内容，如图 3-89 所示。

图 3-89

在【时间轴】面板中选中 VR 素材，执行【效果】→【沉浸式视频】→【VR 分型杂色】命令，为 VR 视频添加效果，如图 3-90 所示。

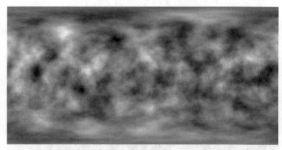

图 3-90

添加的效果也是带有镜头扭曲的，再转换为 VR 视角后，素材不会产生畸变，如图 3-91 所示。

图 3-91

如果拍摄的 VR 素材球面或者镜头位置有问题，可以执行【效果】→【沉浸式视频】→【VR 旋转球面】命令进行调整，如图 3-92 和图 3-93 所示。

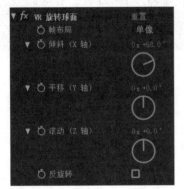

图 3-92

图 3-93

如果需要给 VR 视频添加字幕，可以直接新建一个文字层，执行【效果】→【沉浸式视频】→【VR 平面到球面】命令。通过调整【缩放】和【旋转投影】等属性，调整字体的位置。转换到 VR 视角后，字体会变得正常，如图 3-94 和图 3-95 所示。

图 3-94

图 3-95

我们也可以直接创建 VR 场景，执行【合成】→ VR →【创建 VR 环境】命令，弹出如图 3-96 所示的对话框。

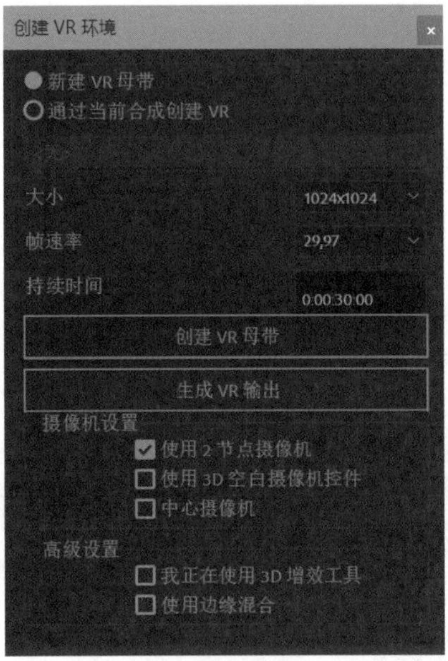

图 3-96

在【创建 VR 环境】对话框中，如果希望从头创建 VR 全图，请选择全图的大小（1024×1024 适用于大多数 VR 合成）。设置 VR 全图的【帧速率】和【持续时间】，然后单击【创建 VR 母带】按钮。

● 摄像机设置：进行摄像机的相关设置。

　　» 使用 2 节点摄像机：如果要使用 2 节点摄像机，需要选择此选项。

　　» 使用 3D 空白摄像机控件：如果要通过 3D 空图层控制 SkyBox 摄像机，需要选择此选项。

　　» 中心摄像机：如果希望摄像机居中对齐，需要选择此选项。

● 高级设置：一些高级的设置。

　　» 我正在使用 3D 增效工具：如果正在使用 3D 增效工具，需要选择此选项。

　　» 使用边缘混合：如果使用的增效工具不是真正的 3D 增效工具，需要选择此选项。

如果从 360°素材中移除球面投影扭曲，并提取 6 个单独的摄像机视图。6 个摄像机的视图位于一个立方体结构中，可以对合成进行运动跟踪、对象删除、添加动态图形和 vfx。执行【合成】→ VR →【提取立方图】命令，在【VR 提取立方图】对话框中，从下拉列表中选择合成，再选择【转换分辨率】，然后单击【提取立方图】按钮，如图 3-97 所示。

图 3-97

【提取立方图】添加了一个【VR 主摄像机】，以及附加到主摄像机的 6 个摄像机视图，还生成了 6 个摄像机镜头，它们策略性地形成了一个立方体，如图 3-98 所示。

图 3-98

技巧与提示：

构造 VR 环境时，可能会遇到内存限制问题，内容为："需要 GPU 加速"。默认情况下，在处理 VR 时，Adobe 视频应用程序对于每 1K 水平分辨率需要约 1GB 内存。在 After Effects CC 2018 中可以降低要求，称为"积极内存管理"。要启用此设置，执行【首选项】→【预览】→【GPU 信息】→【主动使用 GPU 内存（用于 VR）】命令。

3.6 表达式三维文字

除了建立各种三维物体和镜头，我们还可以通过表达式建立三维物体。其原理很简单，就是通过将一个图层不断地复制，再沿 Z 轴的方向轻微平移即可，但是如果使用手动的方法调整会异常麻烦，使用表达式可以事半功倍。

01 首先在 Photoshop 中制作一个文字效果，在文字的表面做出一个样式效果，不要有阴影，使其带有一定的金属质感，也可以直接调取本书附赠素材中"工程文件"对应章节的"表达式三维文字"素材文件，如图 3-99 所示。

图 3-99

02 启动 Adobe After Effects CC，执行【合成】→【新建合成】命令，弹出【合成设置】对话框，命名为"表达式三维文字"，【预设】为 HDTV 1080 25，如图 3-100 所示。

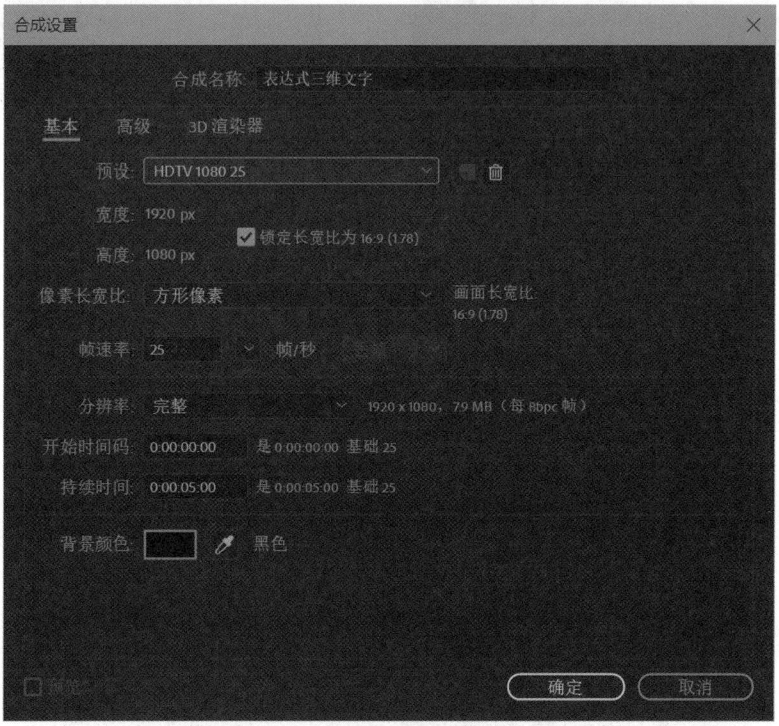

图 3-100

03 将在 Photoshop 中制作完成的平面文字导入 After Effects，需要注意的是，当导入 PSD 文件时需要选择以合成方式导入，这样 PSD 文件中的每个图层都会被单独地导入，如图 3-101 所示。

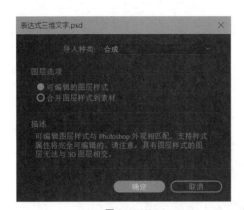

图 3-101

04 将其中的 PSD 图层拖入【时间轴】面板中，在【时间轴】面板中，再找到一张背景图片作为衬底，选择什么样的背景并不影响实例的制作，如图 3-102 所示。

图 3-102

05 首先需要将文字图层转化为 3D 图层，勾选该图层的 3D 图标，这样该图层就转换为 3D 图层了。使用

旋转等工具调整该图层在三维空间中的位置，如图 3-103 所示。

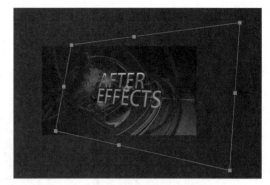

图 3-103

06 在【时间轴】面板中选中文字图层，按快捷键 Ctrl+D 复制该图层，展开复制图层的【时间轴】属性，修改【位置】参数，可以试一下只要文字在纵轴方向上有所移动即可，如图 3-104 所示。

图 3-104

07 在【时间轴】面板中右击，在弹出的快捷菜单中执行【新建】→【摄像机】命令（或执行【图层】→【新建】→【摄像机】命令），创建一台摄像机，如图 3-105 所示。

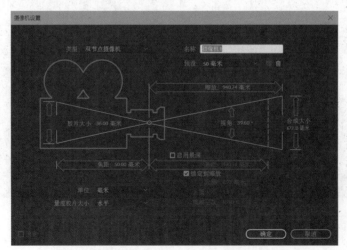

图 3-105

08 与其他图层不同，摄像机图层是通过独立的工具来控制的，可以在工具箱中找到这些工具，如图 3-106 所示。

图 3-106

09 在【时间轴】面板中，选中文字图层，展开复制图层的【时间轴】属性并选中【位置】，执行【动画】→【添加表达式】命令，为该参数添加表达式，如图 3-107 所示。

图 3-107

10 我们可以看到系统自动为参数设定了起始的语句，在后面的位置输入表达式——transform.position+[0,0,（index-1）*1]，打开【时间轴】面板的【父级和链接】参数栏，可以通过在【时间轴】面板上右击，在弹出的快捷菜单中勾选【父级和链接】选项来调出，如图 3-108 所示。

图 3-108

11 选中文字图层，按快捷键 Ctrl+D 复制该图层，选中下面的一个图层，单击【父级】参数栏上的螺旋图标，拖至上一个文字图层，如图 3-109 所示。

图 3-109

12 我们可以看见，下面的那个文字图层的【父级】参数栏中有了上一个图层的名称，这代表两个图层之间建立了父子关系，如图 3-110 所示。

图 3-110

13 选中下面的那个文字图层，按快捷键 Ctrl+D 复制该图层，不断复制，如图 3-111 所示。

图 3-111

14 观察【合成】面板，可以看到立体的文字效果出来了，并且立体面过渡是光滑的。我们还可以使用摄像机移动视角观察 3D 文字效果，如图 3-112 所示。

图 3-112

熟悉 Photoshop 的用户对滤镜不会陌生，类似于滤镜的 Effect（效果）功能是 After Effects 的核心。通过设置效果参数，能使影片达到理想的效果。After Effects CC 2018 继承了 After Effects 的所有效果功能，优化了部分效果的属性，并加入了一些新的效果。效果作为 After Effects 最有特色的功能，Adobe 公司一直以来开发力度始终不减。熟练掌握各种效果的使用方法是学习 After Effects 操作的关键，也是提高作品质量最有效的方法。After Effects 提供的效果将大幅提升制作者对作品的修改空间，降低制作周期和成本。

默认情况下，After Effects 自带的效果保存在程序安装文件夹的根目录下的 Plug-ins 文件夹中。当启动 After Effects 后，程序将自动安装这些效果，并显示在【效果】菜单和【效果和预设】面板中，用户也可以自行安装第三方插件来丰富效果功能。下面就来学习一些具有代表性的内置效果的使用方法。

通过学习本章内容我们将了解效果的基本操作。After Effect 中的所有效果都罗列在【效果】菜单中，也可以使用【效果和预设】面板来快速选择所需效果。当对素材中的一个图层添加效果后，【效果控件】面板将自动打开，同时该图层所在的【时间轴】中的效果属性中也会出现一个已添加效果的图标。我们可以单击这个图标 *fx* 来任意打开或关闭该图层的效果。我们可以通过【时间轴】中的效果控件或【效果控件】面板对所添加的效果的各项参数进行调整。如图 4-1 所示为使用 After Effects 制作的效果。

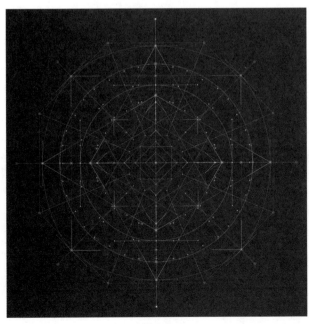

图 4-1

After Effects 的效果在不断地增加，受篇幅限制在本章只会选择最常用的效果来进行讲解。

4.1　效果操作

4.1.1　应用效果

首先选取需要添加效果的素材图层，单击【时间轴】面板中已经建立的项目中图层的名称或在【合成】面板中直接选取所在图层的素材。

可以通过两种方式为素材图层添加效果。

● 在【效果】菜单中选择一种所需添加的效果类型，再选择所需类型中的具体的效果。

● 在【效果和预设】面板中单击所需效果的类型名称前的三角图标，出现相应效果列表，再将所选效果拖至目标素材图层上或直接双击效果名称。

在 After Effect 中无论是利用【效果】菜单还是【效果和预设】面板，都能为同一图层添加多种效果。如果要为多个图层添加同一种效果，只需要先选择所需添加效果的多个素材图层，然后按上面的步骤添加即可，然后可以单独调整每个图层的效果参数。如果想让不同图层的相同效果中参数相同以达到相同效果，只需要对调整图层添加效果，它所属的图层也将拥有相同的效果。

4.1.2　复制效果

After Effect 中允许用户在不同图层之间复制和粘贴效果。在复制过程中原图层的效果参数也将保存并复制到其他层中。

可以通过以下方式复制效果。首先在【时间轴】面板中选择一个需要复制效果所在素材。然后在【效果控件】面板中选取复制层的一个或多个效果，执行【编辑】→【复制】命令。

复制完成后，再在【时间轴】面板中选择所需粘贴的一个或多个图层，然后执行【编辑】→【粘贴】命令。这样我们就完成了一个图层对一个图层，或一个图层对多个图层的效果复制和粘贴操作。如果用户设置好的效果需要多次使用，并在不同计算机上应用，可以将设置好的效果参数保存，当需要使用时，选择调入即可，保存方法将在后面介绍。

4.1.3　关闭与删除效果

当为图层添加一种或多种效果后，计算机在计算效果时将使用大量时间，特别是只需要预览一个素材上部分效果的效果或对比多个素材上的效果时，这时可能又要关闭或删除其中一个或多个，但关闭效果或删除效果带来结果是不一样的。

关闭效果只是在【合成】面板中暂时不显示效果，这时进行预览或渲染都不会添加关闭的效果。如需要显示关闭的效果，可以通过【时间轴】面板或【效果控件】面板打开，或在【渲染队列】面板中选取渲染图层的效果。该方法常用于素材添加效果的前后对比，或多个素材添加效果后对单独素材关闭效果的对比。

如果想逐个关闭图层包含的效果，可以通过单击【时间轴】面板中素材图层前的三角图标，展开【效果】选项，然后单击所要关闭效果前的黑色图标，图标消失表示不显示该效果，如果想恢复效果只需再在原位置单击。当关闭了一个素材上的一个效果后，将会提高该素材的预览速度，但重新打开之前关闭的效果时，计算机将重新计算该效果对素材的影响，因此，对一些需要占用较长处理时间的效果，用户应慎重选择效果的显示状态，如图 4-2 所示。

图 4-2

如果想一次关闭该图层所有效果，则单击该图层的【效果】图标。当再次打开全部效果时，将重新计算所有效果对素材的影响，特别是效果之间出现穿插，会互相影响时，将占用更多的计算时间，如图 4-3 所示。

图 4-3

删除效果将使所在图层永久失去该效果，如果以后需要该效果就必须重新添节和调整。

可以通过以下方式删除效果。首先在【效果控件】面板中选择需要删除的效果名称，然后按 Delete 键或执行【编辑】→【清除】命令。

如果需要一次删除图层中的全部效果，只需要在【时间轴】面板或【合成】面板中选择图层所包括的全部效果，然后执行【效果】→【全部移除】命令。特别要注意的是执行【全部移除】命令后会

同时删除包含效果的关键帧。如果用户错误删除了图层的所有效果，可以执行【编辑】→【撤销】命令来恢复效果和关键帧。当用户不小心错删效果时，可以通过执行【撤销】命令来恢复之前的操作，撤销操作执行【编辑】▸【撤销】命令。

4.1.4　效果参数设置

当为一个图层添加效果后，效果开始产生效果。默认的情况是，效果随同图层的持续时间产生效果，而我们也可以设置效果的开始和结束时间和参数。本节只介绍效果参数设置的基本方法，例如，颜色设置、颜色吸管的使用、角度的调整等，但不涉及每种效果具体的效果。下一节将详细介绍各种效果的设置方法。

当为图层添加一种效果后，在【时间轴】面板中的【效果】列表和【效果控件】面板中就会列出该效果的所有属性控制选项。我们要注意的是，并不是每种效果都包含了这里列出的参数，例如【彩色浮雕】效果有【方向】调节设置，而没有颜色参数设置，【保留颜色】效果有【要保留的颜色】设置，而没有角度参数设置，如图 4-4 所示。

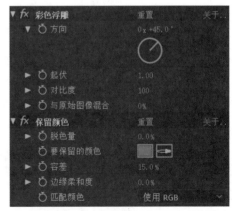

图 4-4

我们通过【时间轴】面板和【效果控件】面板两种方式设置效果的参数，接下来就介绍各种参数的设置方法。

如何设置带有下画线的参数

带下画线的参数是效果中最常出现的参数种类，可以通过两种方式来设置这种参数。

首先单击需要调节的效果名称，如果效果属性未展开，则单击效果名称前的三角图标，展开属性菜单。

① 直接调节参数：将鼠标移到带下画线的参数上，鼠标箭头变成一只小手，小手两边有向左和向右的箭头。此时按住鼠标再向左或向右拖动。此时参数随移动方向变化，向左变小，向右变大。这种调节方式可以动态观察素材在效果参数变化的情况下的效果。

② 输入数值调节参数：将鼠标移到带下画线的参数上，单击，原数值处于可编辑状态，只需输入想要的数值，然后按 Enter 键。当需要某个精确的参数时，就按这种方式直接输入。当我们输入的数值大于最大值，或小于最小值时，After Effects 将自动给该属性赋值为最大值或最小值。

如何设置带角度控制器的参数

我们可以通过两种方式对带有角度控制器的参数进行设置。一是调节参数是带下画线的数值，二是调节圆形的角度控制按钮。如果需精确调节效果角度参数，直接单击带下画线的数值，然后输入想要的角度值。这种调节方式的好处是快速且精确。

如果想比较不同角度的效果，可以直接在圆形的角度控制按钮上任意单击，角度数值会自动变换到那个位置对应的数值上。或按住圆形的角度控制按钮上的黑色指针，然后按逆时针或顺时方向拖动鼠标。逆时针方向可以减小角度，顺时针方向增加角度，这种调节方式适合动态比较效果，但不精确，如图 4-5 所示。

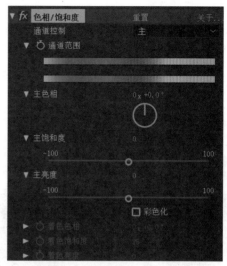

图 4-5

如何设置效果的色彩参数

对于需要设置颜色参数的效果，需要先单击【颜色样品】按钮，将弹出【颜色选择器】对话框，如图 4-6 所示。从中选取需要的颜色，单击【确定】按钮。或利用【颜色样品】按钮后的【吸管】工具从屏幕中任意需要的颜色位置上取色。

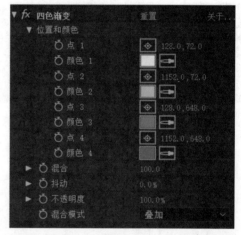

图 4-6

当设置好参数后，如果想恢复效果参数的初始状态，只需要单击效果名称右侧的【重置】按钮。如果想了解该效果的相关信息则单击【关于 ...】按钮。

» Roughness：设置粗糙材质，表面粗糙度影响镜面高光的传播，表面粗糙度的值越大，则有更大的光泽和较小的亮点。

» Metal：确定镜面高光的颜色，将数值设置为 100 ，镜面高光类似于金属的颜色。将值设置为 0 ，光源的镜面高光类似于塑料的颜色。

图 4-60

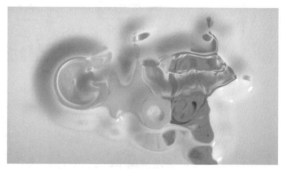

图 4-61

4.6　过渡

4.6.1　渐变擦除

执行【效果】→【过渡】→【渐变擦除】命令，【渐变擦除】效果的主要功能是让画面柔和地过渡，使画面转场不显得过于生硬，如图 4-62 ～图 4-66 所示。

图 4-62

图 4-63

主要参数含义如下：

● 过渡完成：调整渐变的完成度。

● 过渡柔和度：调整渐变过渡的柔和度。

● 渐变图层：选择需要渐变的图层。

● 渐变位置：共 3 类，包括拼贴渐变、中心渐变、伸缩渐变以适合。

● 反转渐变：选中后能使渐变进行反转。

137

图 4-64

图 4-65

图 4-66

4.6.2 块溶解

执行【效果】→【过渡】→【块溶解】命令，【块溶解】效果主要能够随机产生板块来溶解图像，达到图像转换的目的，如图 4-67 和图 4-68 所示。

图 4-67

主要参数含义如下：

● 过渡完成：控制转场完成的百分比。

● 块宽度：调整块宽度。

● 块高度：调整块高度。

● 羽化：调整板块的边缘羽化程度。

● 柔化边缘（最佳品质）：选择后能使边缘柔化。

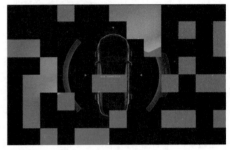

图 4-68

4.6.3 卡片擦除

执行【效果】→【过渡】→【卡片擦除】命令，【卡片擦除】效果可以模拟出一种由众多卡片组成一幅图像，然后通过翻转每张小的卡片来变换到另一幅图像的过渡效果。【卡片擦除】能产生过渡效果中动感最强的过渡效果，属性也是最复杂的，包含了灯光、摄影机等设置。通过设置属性能模拟出百叶窗和纸灯笼的折叠变换效果，具体参数如图 4-69 所示。

图 4-69

主要参数含义如下：

● 过渡完成：设置过渡效果的完成程度。

● 过渡宽度：设置原图像和底图之间动态转换区域的宽度。

● 背面图层：选择过渡效果后将被显示的背景图层。如果背景图层是另外一张图像，并且被施加了其他效果，那最终只显示原图像，其施加效果不显示。过渡区域显示图像是原图层下一层的图像。如果原图层下一层图像和过渡层图像是同一个被施加效果的图像，那么过渡区域显示的是施加效果的图像，最终显示的还是原图像。希望最终效果图像保留原来施加的效果，【背景图层】选无。

● 行数和列数：设置横、竖两列卡片数量的交互方式。【独立】是允许单独调整行数和列数各自的数量；【列数受行数控制】是设置只允许调整行数的数量，并且行数和列数的数量相同，等数量变化。

● 行数：设置行数。

● 列数：设置列数。

● 卡片缩放：设置卡片的缩放比例。数值小于 1.0，卡片与卡片之间出现空隙；大于 1.0 出现重叠效果。通过与其他属性配合，能够模拟出其他过渡效果。

● 翻转轴：设置翻转变换的轴。【X】是在 X 轴方向变换；Y 是在 Y 轴方向变换；【随机】是给每个卡片一个随机的翻转方向，产生变换的翻转效果，也更加真实、自然。

● 翻转方向：设置翻转变换的方向。当翻转轴为 X 时，【正向】是从上往下翻转卡片；【反向】是从下往上翻转卡片；当翻转轴为 Y 时，【正向】是从左往右翻转卡片；【反向】是从右往左翻转卡片；【随机】是随机设置翻转方向。

● 翻转顺序：设置卡片翻转的先后次序。共 9 种选择，从左到右、从右到左、自上而下、自下而上、左上到右下、右上到左下、左下到右上、右下到左上。【渐变】是按照原图像的像素亮度值来决定变换次序，黑的部分先变换，白的部分后变换。

● 渐变图层：设置渐变层，默认是原图像。可以自己制作渐变图像来设置渐变层，这样就能实现无数种变换效果。

● 随机时间：设置一个偏差数值来影响卡片转换的开始时间，按原精度转换，数值越大，时间的随机性越高。

● 随机植入：改变随机变换时的效果，通过在随机计算中插入随机植入数值来产生新的结果。【卡片擦除】模拟的随机变换与通常的随机变换是有区别的，通常，随机变换往往是不可逆转的，但在【卡片擦除】中却可以随时查看随机变换的任何过程。【卡片擦除】的随机变换，其实是在变换前就确定一个非规则变换的数值，但确定后就不再改变了，每个卡片就按照各自的初始数值变换，过程中不再产生新的变换值。而且，两个以上的随机变换属性重叠使用的效果并不明显，通过设置随机插入数值能得到更加理想的随机效果。在不使用随机变换的情况下，随机植入对变换过程没有影响。

● 摄像机位置：通过设置摄像机位置、边角定位，或者合成摄像机三个属性，能够模拟出三维的变换效果。【摄像机位置】是设置摄影机的位置；【边角定位】是自定义图像 4 个角的位置；【合成摄像机】是追踪相机轨迹和光线位置，并在图层上渲染出 3D 图像，如图 4-70 所示。

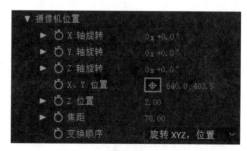

图 4-70

» X 轴旋转：绕 X 轴的旋转角度。

» Y 轴旋转：绕 Y 轴的旋转角度。

» Z 轴旋转：绕 Z 轴的旋转角度。

» X、Y 位置：设置 X、Y 的交点位置。

» Z 位置：设置摄影机在 Z 轴的位置。数值越小，摄影机离图层的距离越近；数值越大，离得越远。

» 焦距：设置焦距效果，数值越大焦距越近，数值越小焦距越远。

» 变换顺序：设置摄影机的旋转坐标系和在施加其他摄影机控制效果的情况下，摄影机位置和旋转的优先权。【旋转X，位置】是先旋转再位移；【位置，旋转X】是先位移再旋转。

● 灯光：设置灯光的效果，如图4-71所示。

图 4-71

» 灯光类型：设置灯光类型。共3种，包括点光源、远光源、首选合成光源。

» 灯光强度：设置光的强度。数值越大，图层越亮。

» 灯光颜色：设置光线的颜色。

» 灯光位置：在X、Y轴的平面上设置光线位置。可以单击灯光位置的靶心标志，然后按住Alt键，在【合成】面板上移动鼠标，光线随鼠标移动变换，可以动态对比哪个位置更好，但比较耗资源。

» 灯光深度：设置光线在Z方向的位置。负值情况下光线移到图层背后。

» 环境光：设置环境光效果，将光线分布在整个图层上。

● 材质：设置卡片的光线反馈值。

● 位置抖动：设置在整个转换过程中，在X、Y和Z轴上的附加抖动量和抖动速度。

● 旋转抖动：设置在整个转换过程中，在X、Y和Z轴上的附加旋转抖动量和旋转抖动速度，如图4-72所示。

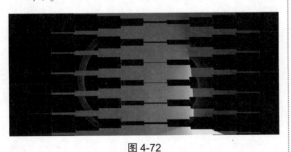

图 4-72

4.6.4 CC Glass Wipe

CC Glass Wipe 效果可以基于其他图层的值创建一个玻璃查找转换效果，最终的结果是一个玻璃查找层溶化后显示另外一层，如图4-73所示。

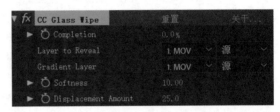

图 4-73

主要参数含义如下：

● Completion：确定过渡的完成百分比，关键帧控制动画擦拭。

● Layer to Reveal：在菜单中选择要显示的图层。

● Gradient Layer：在菜单中选择一个图层作为位移和显示图使用，所选择的图层的亮度值将被使用。

● Softness：控制所选渐变图层的柔和度（或模糊），更大的柔软度值将移除小细节并减少外观的深度，给人一种流畅的整体效果，默认值是10。

● Displacement Amount：决定过渡的位移量，较大的值产生较大的扭曲，如图4-74和图4-75所示。

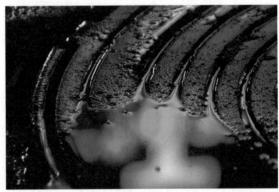

图 4-74

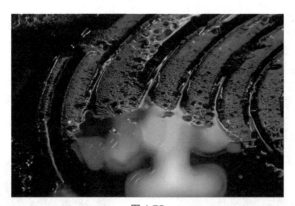

图 4-75

4.7　杂色和颗粒

4.7.1　杂色 Alpha

执行【效果】→【杂色和颗粒】→【杂色 Alpha】命令，【杂色 Alpha】效果能够在画面中产生黑色的杂点，如图 4-76～图 4-78 所示。

图 4-76

主要参数含义如下：

● 杂色：选择杂色和颗粒模式，共 4 种，包括：统一随机、方形随机、统一动画、方形动画。

● 数量：调整杂色和颗粒的数量。

● 原始 Alpha：共 4 种，包括：相加、固定、缩放和边缘。

● 溢出：设置杂色和颗粒图像色彩值的溢出方式，共 3 种，包括：剪切、反绕和回绕。

● 上下文控制：调整杂色和颗粒的方向。

● 杂色选项（动画）：选中【循环杂色】后，能够调整杂色和颗粒的旋转次数。

图 4-77

图 4-78

4.7.2　分形杂色

执行【效果】→【杂色和颗粒】→【分形杂色】命令，【分形杂色】效果主要用于模拟如气流、云层、岩浆、水流等效果，如图 4-79 所示。

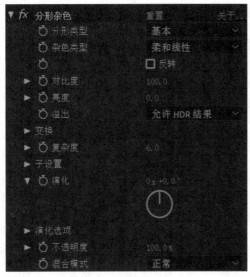

图 4-79

主要参数含义如下：

● 分形类型：选择所生成的杂色和颗粒类型。
● 杂色类型：设置分形杂色类型，【块】为最低级，往上依次增加;【样条】为最高级，噪点平滑度最高，但是渲染时间最长。
● 反转：反转图像的颜色。
● 对比度：调整杂色和颗粒图像的对比度。
● 亮度：调整杂色和颗粒图像的明度。
● 溢出：设置杂色和颗粒图像色彩值的溢出方式。
● 变换：设置杂色和颗粒图像色彩值的溢出方式，以及图像的旋转、缩放、位移等属性，如图 4-80 所示。

图 4-80

» 旋转：旋转杂色和颗粒纹理。
» 统一缩放：勾选后能够锁定缩放时的长宽比，

反之分别独立地调整缩放的长度和宽度。

» 缩放：缩放杂色和颗粒纹理。
» 偏移（湍流）：定义杂色和颗粒纹理中点的坐标。移动坐标点，可以使图像形成简单的动画。
● 复杂度：设置杂色和颗粒纹理的复杂程度。
● 子设置：设置一些杂色和颗粒纹理的子属性，如图 4-81 所示。

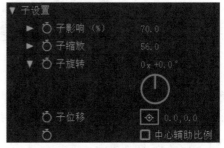

图 4-81

» 子影响：设置杂色和颗粒纹理的清晰度。
» 子缩放：设置杂色和颗粒纹理的次级缩放。
» 子旋转：设置杂色和颗粒纹理的次级旋转。
» 子位移：设置杂色和颗粒纹理的次级位移。
● 演化：控制杂色和颗粒纹理变化，而不是旋转。
● 演化选项：设置一些杂色和颗粒纹理的变化度，例如，随机种子数、扩展圈数等。
● 不透明度：设置杂色和颗粒图像的不透明度。
● 混合模式：调整杂色和颗粒纹理与原图像的混合模式，如图 4-82 和图 4-83 所示。

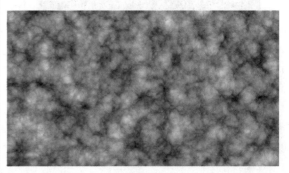

图 4-82

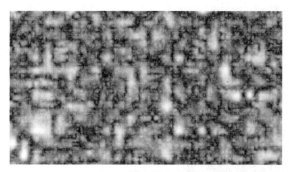

图 4-83

4.8 模拟

4.8.1 CC Bubbles

CC Bubbles 效果在选定图层创建一个泡沫的效果，如图 4-84 所示。

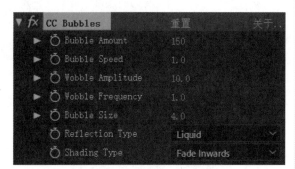

图 4-84

主要参数含义如下：

- Bubble Amount：确定气泡数，在源图层出现的气泡数可能不符合实际的数目。
- Bubble Speed：确定泡沫的移动速度，设置为正值使气泡上升，设置为负值使泡沫下降。
- Wobble Amplitude：确定添加到泡沫运动的抖动数量。
- Wobble Frequency：确定频率泡沫摆动，该值越大，泡沫从左到右移动的速度越快。
- Bubble Size：控制气泡的尺寸。

- Reflection Type：控制选择反射式的泡沫，从菜单中选择以下选项之一。
  - » Inverse Reflection：泡沫独立反射。
  - » World Reflection：让气泡反射源图层。
- Shading Type：使用着色类型气泡选择底纹样式。
  - » None：完全不透明的气泡，无褪色或透明度。
  - » Lighten：泡沫逐渐褪去颜色，为白色的泡沫的外围。
  - » Darken：泡沫逐渐褪去颜色，为黑色的泡沫的外围。
  - » Fade Inwards：使中心的泡沫出现透明，像肥皂泡。
  - » Fade Outwards：使气泡的边缘出现透明，如图 4-85 所示。

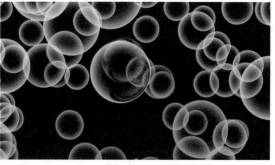

图 4-85

4.8.2 CC Drizzle

CC Drizzle 效果创建圆形波纹扭曲，看起来像一个池塘中雨滴扰乱了水面。CC Drizzle 效果是一个粒子发生器，随着时间的推移会出现环状的传播，如图 4-86 和图 4-87 所示。

图 4-86

主要参数含义如下：

● Drip Rate：确定下降的数量，较小的值产生更少的下降，而较大的值增加下降的数量。

● Longevity（sec）：控制波纹持续的时间以及波纹膨胀的半径对寿命的影响。

● Rippling：确定各波纹环的数量，每个绕盘增加了另一个环。

● Displacement：确定位移量，较大的值产生更大的纹理。

● Ripple Height：确定波纹高度的外观，高度影响位移以及阴影的外观。

● Spreading：确定的涟漪扩展，该控件具有扩展范围。

● Light：设置灯光的相关参数。

　　» Using：在菜单中选择是否使用 Effect Light（效果光源）或 AE Light（AE 灯光）。如果选择 AE Light（AE 灯光），该组参数不可用。

　　» Light Intensity：利用光亮度滑块控制灯光强度，较大的值产生更明亮的结果。

　　» Light Color：选择灯光的颜色。

　　» Light Type：选择使用哪种类型的灯光，从菜单中选择以下选项之一。

　　　　□ Distant Light：这种类型的灯光模拟太阳光

从自定义的距离和角度照射在源层，所有的光线从相同的角度照射图层。

　　　　□ Point Light：这种类型的灯光在用户定义的距离和位置的图层上模拟一个灯泡挂在前面，光线打到图层定义的光位置。

　　» Light Height：确定从源图层到光源的距离，基于 Z 坐标。当使用负值时，光源是照射背后的源图层。

　　» Light Position：确定点光源的位置，基于 X、Y 轴坐标。

　　» Light Direction：设置光源的方向。

● Shading：设置材质的相关参数。

　　» Ambient：确定环境光的反射程度。

　　» Diffuse：确定漫反射值。

　　» Specular：确定高光的强度。

　　» Roughness：设置材质表面的粗糙度。粗糙度会影响镜面高光，设置更高的表面粗糙度值会减少材质光泽。

　　» Metal：确定突出显示的颜色。设置值为 100，则反映出高光图层的颜色，如金属。如果将值设置为 0，反映出高光光源的颜色，像塑料。

图 4-87

4.8.3 CC Rainfall

CC Rainfall 效果可用产生类似液体的粒子从而模拟降雨效果，如图 4-88 和图 4-89 所示。

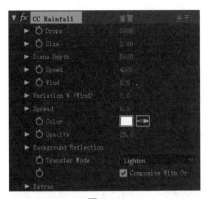

图 4-88

主要参数含义如下：

● Drops：确定雨滴的数量。

● Size：确定雨滴的大小。

● Scene Depth：雨滴将被生成用来填充此场景的深度，这是衡量像素。

● Speed：确定滴落的速度。

● Wind：添加风并控制它的力量。这影响到所有雨滴的下降并非垂直，受到风的影响会有一定的倾斜角度。

● Variation %（Wind）：设置特定范围雨滴的随机性，水滴可能偏离为单个水滴。

● Spread：设置随机方向上雨滴的量。

● Color：选择水滴的颜色，当使用 Background Reflection 的时候，该颜色会与反射的颜色混合。

● Opacity：确定水滴的透明度。

● Background Reflection：呈现所有不是相同反射（或折射）的雨滴，该控件可以让水滴反映（或折射）源图层。

　　» Influence %：确定源图层折射水滴的多少。数值越大，则会有更多的水滴折射出它的环境（源图层）。

　　» Spread Width：控制溅出的水滴，可能会反映出背景。

　　» Spread Height：确定垂直的水滴，可能会反映出背景。

● Transfer Mode：选择在使用效果和源图层之间的合成方法，每个选项都提供一个不同的结果，选择 Composite 或 Lighten。

　　» Composite With Original：选中此选项以合成水滴源图层。

● Extras：控件的集合，是比较专业的控件设置。

　　» Appearance：选择水滴外观，包括：Refracting 和 Soft Solid。Refracting 使雨滴下降更加符合物理原理，因为，光从侧面折射将会出现更多的透明中心；Soft Solid 是一个更快的、近似的整个下降反射光的情况。这两个选项之间，雨滴的差异是非常明显的，也可以是非常微妙的。

　　» Offset：偏移整个水滴的位置。当使用平移摄像机时，这种控制可以用来平移水滴，从而配合镜头进行相匹配的运动。

　　» Ground Level %：设置水滴消失的位置，可以用于匹配源图层。

　　» Embed Depth %：确定在某个场景内嵌入源水滴，从在前面的相机（0%）到最远距离的相机（100%）。

　　» Random Seed：设置一个独特的随机种子值来影响所有控件的使用。这可以轻松使用到多个图层，如需使用相同降雨动画，只要修改每个图层的随机种子值就能得不同的外观，这种控制不能被设计成动画。

图 4-89

第 5 章

效果应用实例

本章将通过实例来综合应用前面章节中讲到的一些效果。效果之间的随机组合可以创造出不同的画面效果，这也是软件编写人员所不能预见到的，在用到一个效果时，需要有机地将其融合到作品中。前 5 个实例较为简单，如果是初学者请务必学习完这几个实例再开始后面的学习。后面的实例因操作复杂，一些简单的操作就会直接调取工具，简单而基础的操作如创建合成和纯色图层、设置动画关键帧等将不再复述。

5.1　调色实例

在 After Effects 中，许多重要的效果都是针对色彩调整的，但单一地使用一个效果调整画面的颜色，并不能对画面带来质的改变，需要综合应用手中的工具，进行色彩的调整。可以使用【效果】→【颜色校正】子菜单中的效果进行调色，也可以使用特殊的方法改变画面颜色。

具体的操作步骤如下。

01 执行【合成】→【新建合成】命令，弹出【合成设置】对话框，命名为"调色实例 "，设置参数如图 5-1 所示。

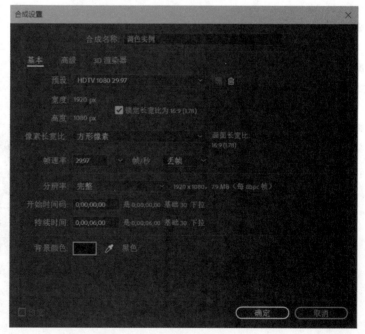

图 5-1

02 执行【文件】→【导入】→【文件…】命令，导入本书附赠素材中的"工程文件"相关章节的"调色"素材文件。在【项目】面板

中选中导入的素材文件，将其拖入【时间轴】面板，
图像将被添加到合成影片中，在【合成】面板中将显
示出图像，如图 5-2 所示。

图 5-2

03 按快捷键 Ctrl+Y，在【时间轴】面板中创建一个纯
色图层，弹出【纯色层设置】对话框，创建一个品蓝色
的纯色层，颜色尽量饱和一些。在【时间轴】面板中，
将蓝色的纯色图层放在素材的上方，如图 5-3 所示。

图 5-3

04 将品蓝色纯色图层的融合模式改为【叠加】，注
意观察素材金属的颜色已经变成蓝色，这是为了下一
步更好地叠加调色，如图 5-4 所示。

图 5-4

05 选中建立的纯色图层，可以通过为蓝色纯色图层
添加【效果】→【颜色校正】→【色相 / 饱和度】效果，
修改纯色图层的色相，从而改变图像的颜色，如图 5-5

所示。

图 5-5

06 在【效果控件】面板中，将【色相 / 饱和度】效
果中的【主色相】旋转，从而调整颜色，如图 5-6 和
图 5-7 所示。

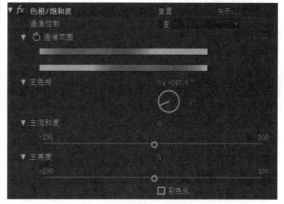

图 5-6

图 5-7

07 除了对黑白图像可以用图层模式改变色调，【色相/饱和度】效果也可以针对某一种颜色进行调整。使用同样的方法把另一个实例素材调进来，并为其添加【色相/饱和度】效果，如图 5-8 所示。

图 5-8

08 在【效果控件】面板中，将【通道控制】选项调整为【绿色】，我们需要做的是，将需要调整的颜色选出，如果想调整绿色就选择【绿色】通道，如果调整天空的玫红色就选择【红色】通道，如图 5-9 所示。

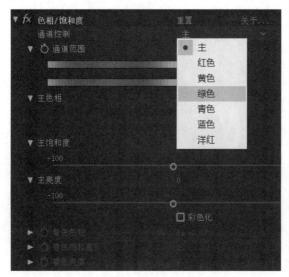

图 5-9

09 但是画面中的颜色并不是只有这么几种，可以对其进行微调。此时看到素材上阳台的灯光有一点黄色，当我们选中了绿色通道时，【通道范围】就会出现图标，将绿色部分的颜色选取出来，如图 5-10 所示。

图 5-10

10 移动左侧的三角图标，将黄色的部分选取进来，如图 5-11 所示。

图 5-11

11 此时调整【主色调】的转轮，可以看到只有窗台的颜色变化了，背景中天空的颜色没有改变，如图 5-12 所示。

图 5-12

5.2　画面颗粒

01 执行【合成】→【新建合成】命令，弹出【合成设置】对话框，命名为"画面颗粒"，设置控制参数，如图 5-13 所示。

图 5-13

02 执行【文件】→【导入】→【文件】命令，导入本书附赠素材中"工程文件"相关章节的"画面颗粒"素材文件。在【项目】面板选中导入的素材文件，将其拖入【时间轴】面板，图像将被添加到影片中，在【合成】面板中显示出图像，如图 5-14 所示。

图 5-14

03 这是一段影片的素材，而老电影因为当时的技术手段的限制，拍摄的画面都是黑白的，并且很粗糙，下面就来模拟这些效果。在【时间轴】面板中，选中素材，执行【效果】→【杂色与颗粒】→【添加颗粒】命令，调整【查看模式】为【最终输出】，展开【微调】属性，修改【强度】参数为3，【大小】参数为0.5，如图 5-15 所示。

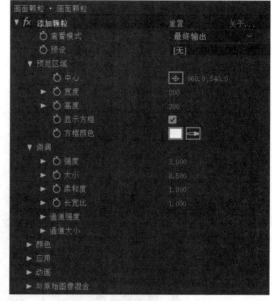

图 5-15

04 观察画面可以看到明显的颗粒。After Effects 还提供了很多预设的模式，用于模拟某些胶片的效果，如图 5-16 所示。

图 5-16

05 在【时间轴】面板中选中素材，执行【效果】→【颜色校正】→【色相/饱和度】命令，勾选【彩色化】选项，将画面变成单色，调整【着色色相】的参数为0*+35.0，效果如图 5-17 所示。

图 5-17

5.3 云层模拟

01 执行【合成】→【新建合成】命令，弹出【合成设置】对话框，命名为"云层"，设置参数如图 5-18 所示。

图 5-18

02 按快捷键 Ctrl+Y，在【时间轴】面板中创建一个纯色图层，弹出【纯色设置】对话框，可以为纯色图层设置任何颜色，如图 5-19 所示。

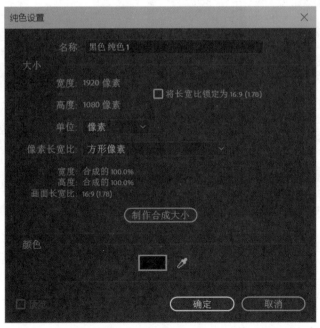

图 5-19

03 在【时间轴】面板中选中该图层，执行【效果】→【杂色和颗粒】→【分形杂色】命令，可以看到纯色图层已变为黑白的杂色，如图 5-20 所示。

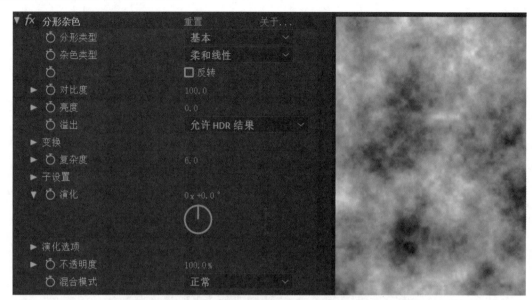

图 5-20

04 修改【分形杂色】效果的参数，【分形类型】为【动态】，【杂色类型】为【柔和线性】，【对比度】为200，【亮度】为 –25，如图 5-21 所示。

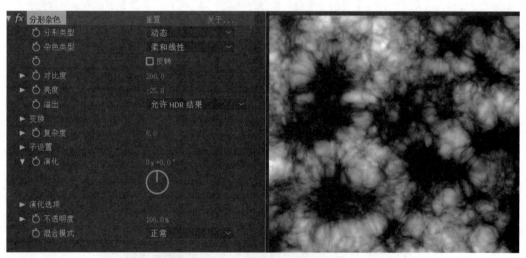

图 5-21

05 在【时间轴】面板中，展开【分形杂色】下的【变换】属性，为云层制作动画。打开【透视位移】选项，分别在时间起始处和结束处设置【偏移（湍流）】值的关键帧，云层横向运动，值越大运动速度越快。同时设置【子设置】→【演化】属性，分别在时间起始处和结束处设置关键帧，其值为 5*+0.0，如图 5-22 所示。按【空格】键播放动画观察效果，云层在不断滚动。

03 按快捷键 Ctrl+Y，在【时间轴】面板中创建一个纯色图层，弹出【纯色层设置】对话框，创建一个品蓝色的纯色层，颜色尽量饱和一些。在【时间轴】面板中，将蓝色的纯色图层放在素材的上方，如图 5-3 所示。

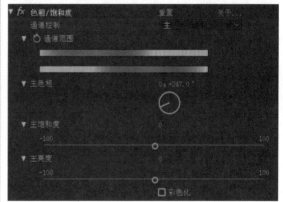

04 将品蓝色纯色图层的融合模式改为【叠加】，注意观察素材金属的颜色已经变成蓝色，这是为了下一步更好地叠加调色，如图 5-4 所示。

05 选中建立的纯色图层，可以通过为蓝色纯色图层添加【效果】→【颜色校正】→【色相／饱和度】效果，修改纯色图层的色相，从而改变图像的颜色，如图 5-5

图 5-22

06 在工具箱中选中【矩形工具】■，在【时间轴】面板中选中云层，在【合成】面板中创建一个矩形蒙版，并调整【蒙版羽化】值，勾选【反转】选项，使云层的下半部分消失，如图 5-23 所示。

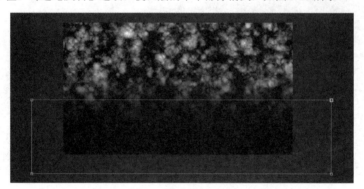

图 5-23

07 执行【效果】→【扭曲】→【边角定位】命令，【边角定位】效果使平面变为带有透视的效果，在【合成】面板中调整云层四角的圆圈十字图标的位置，使云层渐隐的部分缩小，产生空间的透视效果，如图 5-24 所示。

图 5-24

08 执行【效果】→【色彩调整】→【色相 / 饱和度】命令，为云层添加颜色。在【效果控件】面板的【色相 / 饱和度】效果下，勾选【彩色化】选项。使画面产生单色的效果，修改【着色色相】的值，调整云层为淡蓝色，如图 5-25 所示。

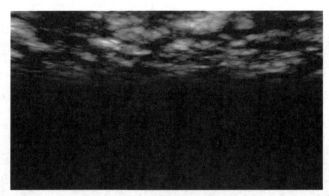

图 5-25

09 执行【效果】→【色彩校正】→【色阶】命令，为云层添加闪动效果。【色阶】效果主要用来调整画面亮度，为了模拟云层中电子碰撞的效果，可以通过提高画面亮度模拟。设置【色阶】效果的【直方图】参数（移动最右侧的白色三角图标）。为了得到闪动的效果，画面加亮后要再调回原始画面，回到原始画面的关键帧的间隔要小一些，才能模拟出闪动的效果，如图 5-26 所示。

图 5-26

10 最后创建一个新的黑色纯色图层，执行【效果】→【模拟】→ CCRainfall 命令，将黑色纯色图层的融合模式改为【相加】模式，可以看到雨被添加到画面中了，如图 5-27 所示。

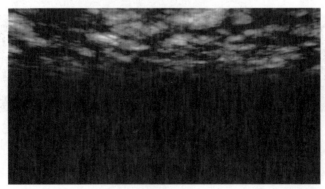

图 5-27

5.4　发光背景

01 执行【合成】→【新建合成】命令，弹出【合成设置】对话框，命名为"背景"，设置参数如图 5-28 所示。

图 5-28

02 按快捷键Ctrl+Y，在【时间轴】面板中创建一个纯色图层，弹出【纯色设置】对话框，命名为"光效"，如图 5-29 所示。

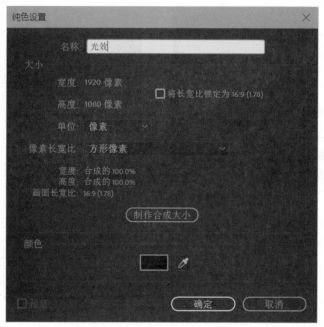

图 5-29

03 在【时间轴】面板中选中"光效"层，执行【效果】→【杂色和颗粒】→【湍流杂色】命令，设置【湍流杂色】效果属性参数，如图 5-30 和图 5-31 所示。

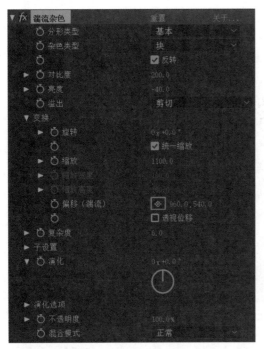

图 5-30

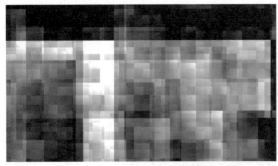

图 5-31

04 执行【效果】→【模糊和锐化】→【方向模糊】命令，将【模糊长度】调整成为 100，对画面实施方向性模糊，使画面产生线形的光效，如图 5-32 所示。

05 调整画面的颜色，执行【效果】→【颜色校正】→【色相/饱和度】命令，我们需要的画面是单色的，所以要勾选【彩色化】选项，调整【着色色相】为 260，画面呈现蓝紫色，如图 5-33 所示。

图 5-32

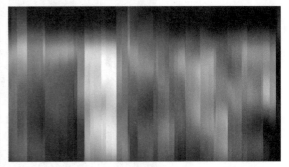

图 5-33

06 执行【效果】→【风格化】→【发光】命令，为画面添加发光效果。为了得到丰富的高光变化，【发光颜色】设置为【A 和 B 颜色】类型，并调整其他相应的值，如图 5-34 和图 5-35 所示。

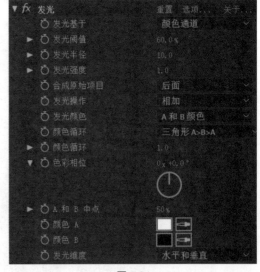

图 5-34

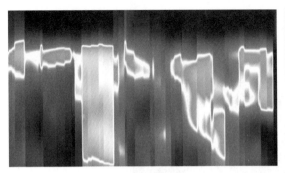

图 5-35

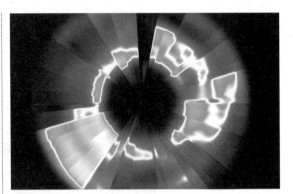

图 5-37

07 执行【效果】→【扭曲】→【极坐标】命令，使画面产生极坐标变形，设置【插值】为 100%，设置【转换类型】为【矩形到极线】类型，如图 5-36 和图 5-37 所示。

08 下面为光效设置动画，找到【湍流杂色】效果的【演化】属性，单击属性左侧的码表图标，在时间起始处和结束处分别设置关键帧，然后按【空格】键，播放动画并观察效果，如图 5-38 所示。

图 5-36

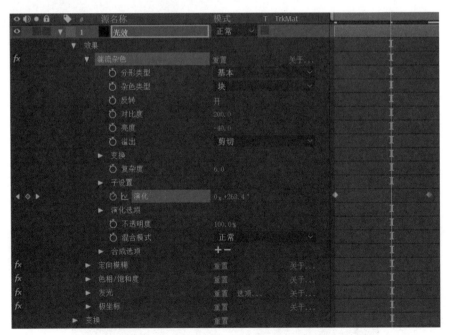

图 5-38

　　我们一共使用了 5 种效果，根据不同的画面要求，可以使用不同的效果，最终呈现的效果是不一样的。用户还可以通过【色相 / 饱和度】效果的【着色色相】属性，设置光效颜色变化的动画。

5.5 粒子光线

01 执行【合成】→【新建合成】命令，弹出【合成设置】对话框，命名为"粒子光线"，设置参数如图5-39所示。

图 5-39

02 在【时间轴】面板中右击，在弹出的快捷菜单中执行【新建】→【纯色】命令（或执行【图层】→【新建】→【纯色】命令），创建一个纯色图层，并命名为"白色线条"，将【宽度】改为2，【高度】改为1080，【颜色】改为白色，如图5-40所示。

图 5-40

03 在【时间轴】面板中,执行【图层】→【新建】→【纯色】命令,创建一个纯色图层并命名为"发射器",如图 5-41 所示。

图 5-41

04 在【时间轴】面板中选中"发射器"图层,执行【效果】→【模拟】→【粒子运动场】命令。按【空格】键预览动画效果,如图 5-42 所示。

图 5-42

05 在【效果控件】面板中设置参数,展开【发射】属性,将【圆筒半径】改为900,【每秒粒子数】改为60,【随机扩散方向】改为20,【速率】改为130,如图 5-43 所示。

图 5-43

06 将【图层映射】属性展开,将【使用图层】改为"白色线条"。按【空格】键预览动画效果。再将【重力】属性展开,将【力】改为0,如图 5-44 所示。

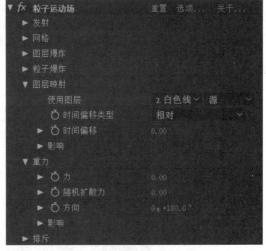

图 5-44

07 在【时间轴】面板中选中"发射器"层,按快捷键 Ctrl+D 复制该图层,如图 5-45 所示。

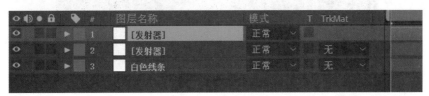

图 5-45

08 使用工具箱中的【旋转工具】 ，选中复制出来的"白色线条"图层，在【合成】面板中将其旋转180°。在【时间轴】面板中将"白色线条"图层右侧的眼睛图标关闭。按【空格】键预览动画效果，如图 5-46 所示。

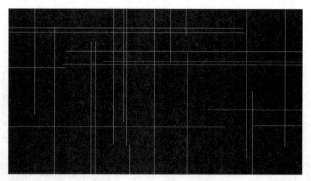

图 5-46

09 执行【图层】→【新建】→【调整图层】命令，将新建的调整图层放置在【时间轴】面板的顶部，该图层并没有实际的图像存在，只是对位于该图层以下的图层做出相关的调整，如图 5-47 所示。

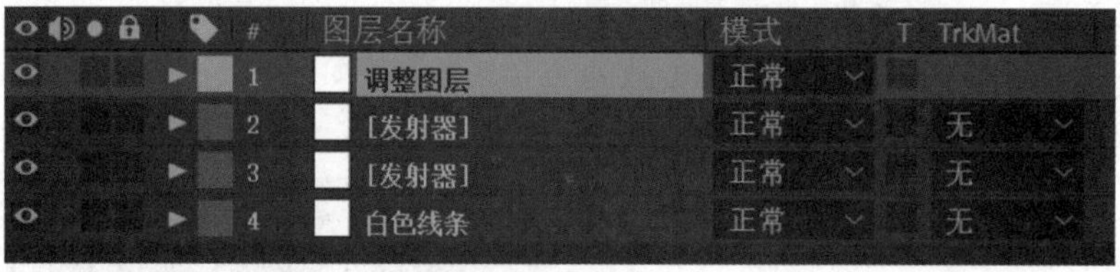

⊙	◉ ● ⚿	🏷 #	图层名称	模式	T	TrkMat
⊙		▶ □ 1	□ 调整图层	正常 ∨		
⊙		▶ 2	□ [发射器]	正常 ∨		无 ∨
⊙		▶ 3	□ [发射器]	正常 ∨		无 ∨
⊙		▶ 4	□ 白色线条	正常 ∨		无 ∨

图 5-47

10 在【时间轴】面板中选中【调整图层】调节层，执行【效果】→ Trapcode → Statglow 命令，在【效果控件】面板中，将【Preset】改为【White Star】内置效果，效果如图 5-48 所示。

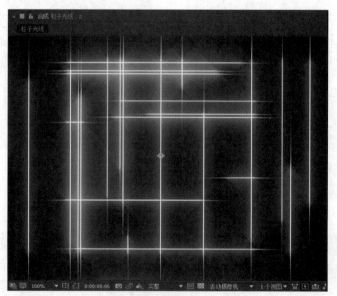

图 5-48

技巧与提示：

下面的几个实例都需要运用较多的效果，操作相对复杂，一些简单的操作就不再复述了，如果读者不知道如何创建一个合成和纯色图层，如何设置动画关键帧之类的操作，请认真学习前面的几个实例，然后再开始这几个案例的学习。

5.6 路径应用

在本节中我们会对形状图层进行详细的讲解，特别是针对路径动画，以及可以被运用到路径动画的效果。

01 创建一个合成，【预设】为HDTV 1080 29.97，【持续时间】为3s。使用【钢笔工具】绘制一段曲线，如图5-49所示。

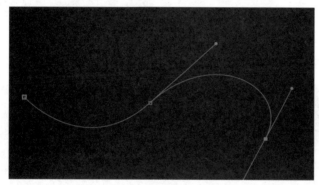

图 5-49

02 在【时间轴】面板中展开【形状图层1】左侧的三角图标，在【形状1】属性中有4个默认属性。展开【描边1】，调整【描边宽度】为50，【颜色】改为白色，将【线段端点】切换为【圆头端点】，如图5-50和图5-51所示。

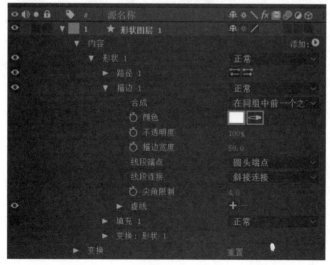

图 5-50

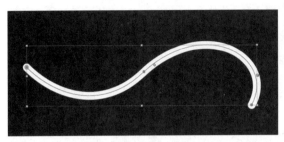

图 5-51

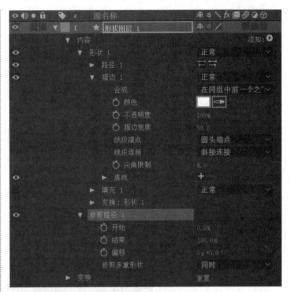

图 5-52

03 在【时间轴】面板中单击右上角的【添加】图标，在菜单选中【修剪路径】命令，为路径添加【修剪路径1】属性，如图 5-52 所示。

04 展开【修剪路径1】属性，设置【开始】和【结束】的关键帧，【开始】调整为 0%，至 100% 时长为 0.5s，【结束】调整为 0%，至 100% 时长为 1s。播放动画可以看到线段随着曲线出现、划过、消失。【开始】属性后面的关键帧控制了线段的长度，如图 5-53 所示。

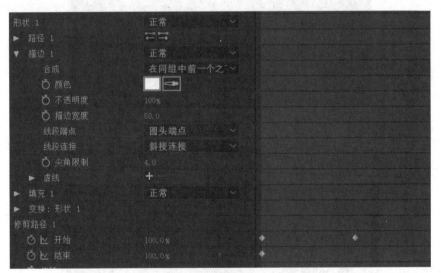

图 5-53

05 这时设置【描边1】属性下【描边宽度】的关键帧。设置 4 个关键帧分别为：0%、100%、100%、0%，这样就会形成曲线从细变粗、从粗又变细的过程，如图 5-54～图 5-56 所示。

06 在【时间轴】面板中选中【开始】和【结束】属性最右侧关键帧，右击，在弹出的快捷菜单中执行【关键帧辅助】→【缓入】命令，需要注意，一定要把鼠标悬停在关键帧上再右击，才会弹出关键帧菜单。可以看到加入【缓入】动画后，关键帧图标也有所变化。【缓入】命令只改变了动画的曲线，动画大致的运动方向并没有改变，如图 5-57～图 5-59 所示。

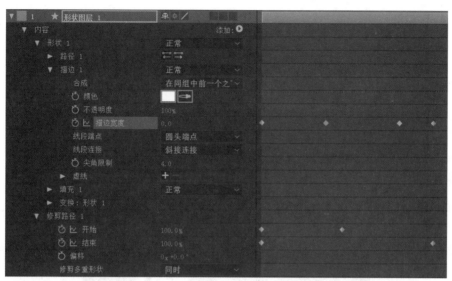

图 5-54

图 5-55

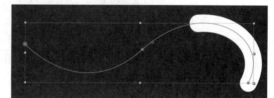

图 5-56

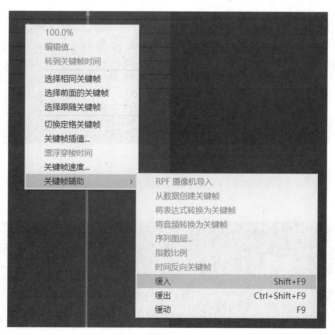

图 5-57

图 5-58

图 5-59

07 在【时间轴】面板中单击右上角的【添加】图标，在弹出的菜单选中【摆动路径】命令，为路径添加【摆动路径】属性。调整【大小】和【详细信息】的参数，如图 5-60 所示。

图 5-60

08 在【时间轴】面板中选中【形状图层 1】，按快捷键 Ctrl+D，复制一个图形图层并放置在图层下方。选中两个图层，按 U 键，只显示带有关键帧的属性，如图 5-61 所示。

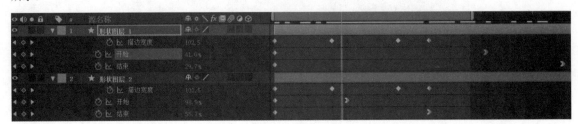

图 5-61

09 调整【形状图层 1】中【开始】和【结束】的关键帧位置，让动画变为前、后两段线段动画，如图 5-62 和图 5-63所示。

图 5-62

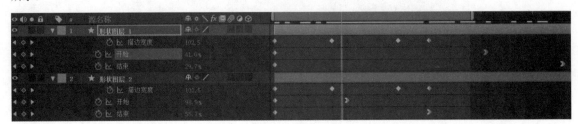

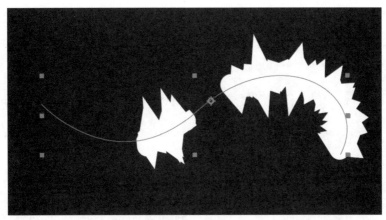

图 5-63

10 在【时间轴】面板中选中【形状图层 2】，按快捷键 Ctrl+D，复制一个图形图层并放置在图层下方。选中【形状图层 3】的【摆动路径】属性，按 Delete 键删除该属性。关闭【形状图层 1】和【形状图层 2】的显示。方便观察【形状图形 3】的情况，如图 5-64 所示。

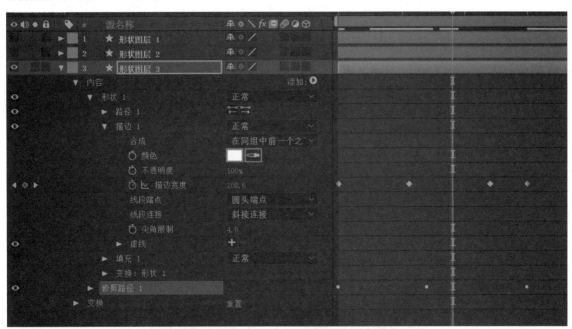

图 5-64

11 单击【虚线】属性右侧的 + 图标，为其添加【虚线】属性，再次按下 + 图标，添加【间隙】属性，如图 5-65 所示。

12 调整【虚线】的参数为 0，调大【间隙】参数，直至出现圆形的点。播放动画可以看到，虚线的点也是由小到大地变化，如图 5-66 所示。

13 在【时间轴】面板中单击右上角的【添加】图标，在弹出的菜单中选中【扭转】命令，为路径添加【扭转】属性。调整【角度】和【中心】的参数，让虚线运动得更加随意，如图 5-67 和图 5-68 所示。

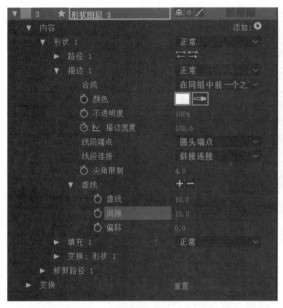

图 5-65

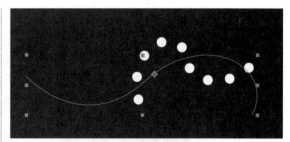

图 5-67

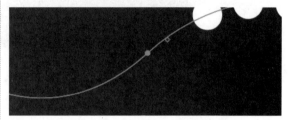

图 5-68

14 打开【形状图层 1】和【形状图层 2】的显示,再次调整【形状图形 3】,也就是虚线的【修剪路径】的【开始】和【结束】关键帧的位置,让路径动画的过程中,每个画面 3 个图层的画面互不重叠。我们也可以调整 3 个图层的前后位置,从而调整路径动画的时间,如图 5-69 和图 5-70 所示。

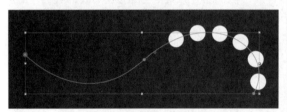

图 5-66

图 5-69

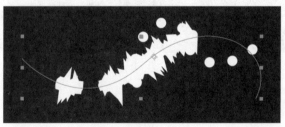

图 5-70

15 执行【合成】→【新建】→【调整图层】命令,创建一个调整图层,并放置在 3 个图层的上方,选中调整图层,执行【效果】→【风格化】→【毛边】命令,调整【边界】和【边缘锐度】的参数,让几层线条融合在一起,如图 5-71 和图 5-72 所示。

图 5-71

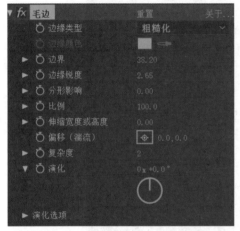

图 5-72

16 选中调整图层，执行【效果】→【扭曲】→【湍流置换】命令，调整【数量】和【大小】的参数，可以看到圆形的点已经开始变形，并且融合到了路径中，如图 5-73 和图 5-74 所示。

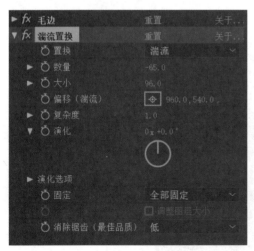

图 5-73

图 5-74

17 在【时间轴】面板中启用【运动模糊】。首先激活面板上的【运动模糊】图标，再在所有图层激活【运动模糊】图标。可以看到激活前、后的动画差别，如图 5-75 ～图 5-78 所示。

图 5-75

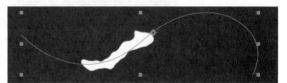

图 5-76

图 5-77

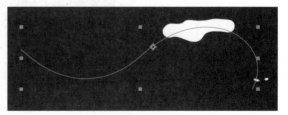

图 5-78

167

5.7 爆炸背景

01 创建一个新的合成，命名为"爆炸"，【预设】为 HDTV 1080 29.97，【持续时间】为 3s，我们需要做一个爆炸效果，所以时间不需要很长，如图 5-79 所示。

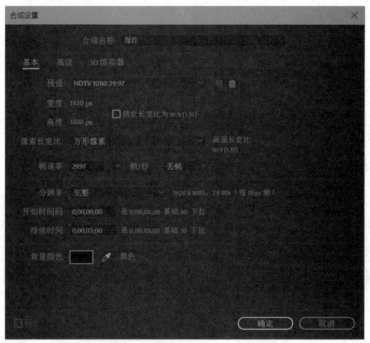

图 5-79

02 创建一个新的纯色图层，命名为"爆炸 1"，这个案例需要做 3 层效果，要注意命名规范。选择【爆炸 1】图层，执行【效果】→【杂色和颗粒】→【分形杂色】命令，可以看到纯色图层被变为黑白的杂色。设置【分形类型】为【动态渐进】，其他参数设置如图 5-80 所示，效果如图 5-81 所示。

图 5-80

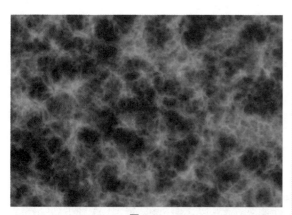

图 5-81

03 选中【爆炸 1】图层，使用【矩形工具】绘制一个长方形蒙版，在画面的上方形成一个长矩形，如图 5-82 所示。

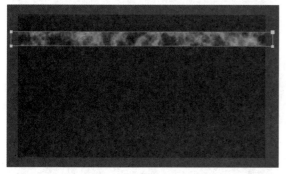

图 5-82

04 在【时间轴】面板中展开【蒙版】属性，为【蒙版路径】和【蒙版羽化】设置关键帧。蒙版位置移动动画从上至下，而【蒙版羽化】值从 160 至 260，形成一道灰色线条从上至下运动，时间大致 1 秒左右，因为后期还要调整关键帧的位置，如图 5-83 和图 5-84 所示。

图 5-83

图 5-84

05 展开【分形杂色】属性，设置【亮度】、【偏移（湍流）】和【演化】3 个参数的动画关键帧。如果需要只显示有关键帧的属性，可以选中该图层，按 U 键，就会在【时间轴】面板中只显示带有关键帧的属性，这样可以方便直接调整和观察关键帧的效果。需要注意的是，【亮度】动画的设置要多出一个关键帧，起始的亮度为完全不可见，猛然调亮，然后渐渐消失不见。而【偏移（湍流）】和【演化】参数要表现杂色的图案变化，【偏移（湍流）】也设置为由上至下的运动，如图 5-85 所示。

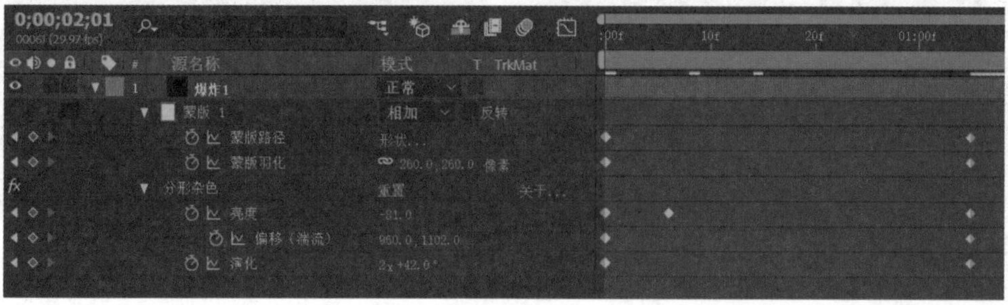

图 5-85

06 在【时间轴】面板中选中最右侧所有的关键帧，右击，在弹出的快捷菜单中执行【关键帧辅助】→【缓入】命令，需要注意，一定要把鼠标悬停在关键帧上右击，才会弹出关键帧菜单，如图 5-86 所示。

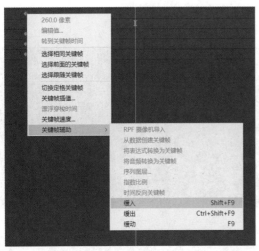

图 5-86

07 【关键帧辅助】的命令十分重要，在调整动画时经常使用，它可以自动优化动画曲线。打开曲线观察就可以看到，添加命令前、后动画曲线的变化，这些轻微的动画调整会使运动更加真实和优美。观察和编辑动画曲线是动画制作的基础，十分重要，需多加练习，如图 5-87 和图 5-88 所示。

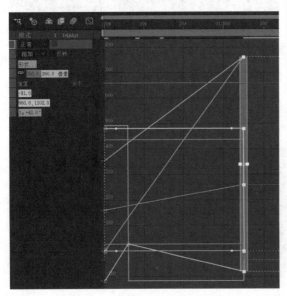

图 5-87

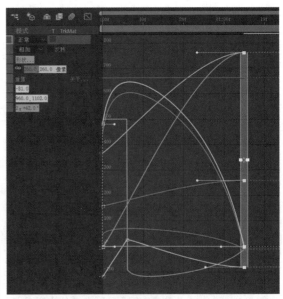

图 5-88

08 调整好的动画效果突然出现一道灰色的区域，又快速消散，之所以使用【亮度】作为出现和消失的动画属性，而没有使用【不透明度】，这是因为【亮度】的变化更具层次感，而【不透明度】则会统一地出现和消失，如图 5-89 和图 5-90 所示。

图 5-89

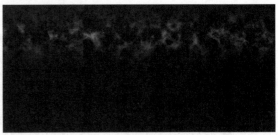

图 5-90

09 执行【合成】→【新建】→【调整图层】命令，

创建一个调整图层，命名为"变形"。选中【变形】图层，执行【效果】→【扭曲】→【极坐标】命令。【插值】设置为100%，而【转换类型】设置为【矩形到极线】。播放动画可以看到光波从中心发射出来，如图 5-91 ～图 5-93 所示。

图 5-91

图 5-92

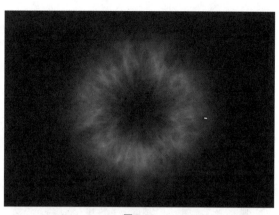

图 5-93

10 选中【爆炸 1】图层，按快捷键 Ctrl+D，复制一个图形图层并放置在图层上方，命名为"爆炸 2"。移动【爆炸 1】图层的右侧关键帧拉长动画，这样会形成两道冲击波，也可以对【演化】和【亮度】参数进行微调，达到需要的效果，尽量让冲击波出现的瞬间亮度提高，如图 5-94 所示。

图 5-94

11 选中【爆炸 1】图层，按快捷键 Ctrl+D，复制一个图形图层并放置在【爆炸 2】图层上方，命名为"爆炸 3"。执行【效果】→【风格化】→CC Glass 命令，调整 Bump Map 为【无】，Displacement 参数为 −260，如图 5-95 和图 5-96 所示。

图 5-95

图 5-96

12 此时可以看到,在冲击波 12 点位置有着很明显的分切,这是因为【极坐标】扭曲时边界无法对齐,如图 5-97 所示。

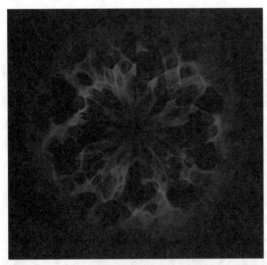

图 5-97

13 关闭【变形】调整图层的眼睛图标,关闭 3 个爆炸图层中的两个,只剩下一个爆炸图层。执行【合成】→【新建】→【调整图层】命令,创建一个调整图层,并命名为"偏移",放置在【变形】图层的下方。有时为了观察前、后的效果,可以在【时间轴】面板中关闭图层左侧的"眼睛"图标暂时隐藏其效果,如图

5-98 所示。

图 5-98

14 选中【偏移】调整图层,执行【效果】→【扭曲】→【偏移】命令,调整【将中心转换为】参数,将一侧的中缝偏移到中心的位置,如图 5-99 和图 5-100 所示。

图 5-99

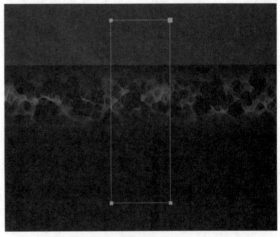

图 5-100

15 选中【偏移】调整图层,使用【矩形工具】绘制一个长方形蒙版,选取有边界的部分。蒙版的类型选择【相减】,并调整【蒙版羽化】参数,直至边界消失不见,如图 5-101 和图 5-102 所示。

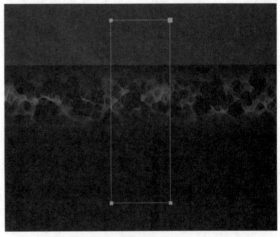

图 5-101

图 5-102

16 激活【变形】调整图层，可以看到冲击波的边界
消失不见，如图 5-103 所示。

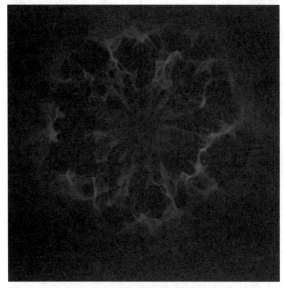

图 5-103

17 下面调整冲击波的颜色，一般使用效果调整光线
和粒子的色彩，选中【变形】调整图层，执行【效果】
→【颜色校正】→ CC Toner 命令，该效果有 5 层色
彩设置，可以调整出复杂的色彩变化，如图 5-104 和
图 5-105 所示。

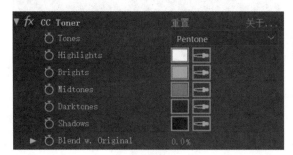

图 5-104

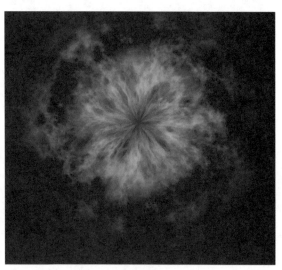

图 5-105

18 但是这种效果无法解决光线和光波的透明度问题，
因为爆炸是立体的、有层次的，3 个图层之间的色彩
会混合在一起，我们还可以使用插件来进行调整。VC
Color Vibrance 是一款非常好用的色彩插件，并且是
免费的，可以在搜索引擎中找到。下载后放置到软件
所在分区 :\Program Files\Adobe\Adobe After Effects CC
2018\Support Files\Plug-ins\Effects 文件夹中即可使用。
选中爆炸图层，执行【效果】→ Video Copilot → VC
Color Vibrance 命令，如图 5-106 所示。

图 5-106

19 VC Color Vibrance 效果的参数很简单，Gamma 是最重要的参数，可以使光线重叠的地方产生自然的高光。如果觉得冲击波亮度不够，可以使用【效果】→【颜色校正】→【曲线】命令把画面调亮。由于由 3 层爆炸组成，所以可以使用不同的颜色区分层次画面，效果会更好，如图 5-107 所示。

图 5-107

5.8 切割文字

01 创建一个新的合成，命名为"切割文字"，【预设】为 HDTV 1080 29.97，【持续时间】为 5s。输入一段文字，可以是单词也可以是一段话，这些文字在后期还能修改。可以使用 Arial 字体，该字体笔画较粗，适于该特效，如图 5-108 所示。

图 5-108

02 在【时间轴】面板中选中文字图层，使用【钢笔工具】绘制一个封闭三角形，遮挡住文字的一部分，如图 5-109 所示。

03 选中文字图层，执行【效果】→【模拟】→ CC Pixel Polly 命令，不用调整任何参数，直接播放动画，可以看到文字已经有了碎裂效果，如图 5-110 所示。

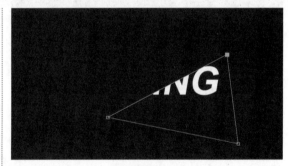

图 5-109

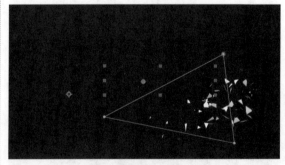

图 5-110

04 选中文字图层，按快捷键 Ctrl+D，复制文字图层，系统自动命名为 2，并放在上方。删除该层的 CC

Pixel Polly 效果（选中按 Delete 键），展开【蒙版】属性，勾选【反转】，播放动画可以看到文字的一角被切掉，如图 5-111 和图 5-112 所示。

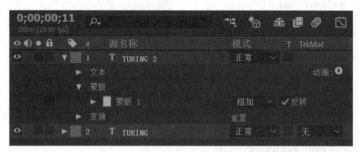

图 5-111

图 5-112

05 如果只是简单的文字效果现在已经做好了。我们接着让它变得更加丰富、有趣。使用【路径工具】绘制一个形状图层，并与切掉的部分重合，可以使用【选取工具】调整其位置，如图 5-113 所示。

图 5-113

06 在【时间轴】面板中展开该形状图层的属性，将【描边宽度】设置为 6，并设置为白色与文字颜色一致，如图 5-114 所示。

07 在【时间轴】面板中单击右上角的【添加】图标，在弹出的菜单中选中【修剪路径】命令，为路径添加【修剪路径 1】属性。展开【修剪路径 1】属性，设置【开始】和【结束】的关键帧，【开始】调整为 100%，至 0% 时长为 2 帧，【结束】调整为 100%，至 0% 时长为 2 帧，但后于【开始】1 帧，播放动画可以看到线段随着线段出现、划过、消失，如图 5-115 所示。

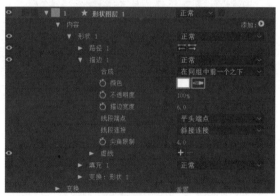

图 5-114

图 5-115

08 执行【图层】→【新建】→【摄像机】命令，创建一个默认设置的摄像机，开启所有图层的【三维】图标，如图 5-116 所示。

09 选中破碎的文字图层，调整该图层的【CC Pixel Polly】 属性，通过调整【Force】和【Direction Randomne】等相关参数，让碎片范围扩大到蒙版以外，这样更具立体感，如图 5-117 和图 5-118 所示。

图 5-116

图 5-118

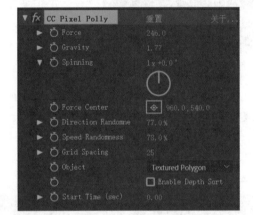

图 5-117

有大量的公司在从事 After Effects 插件的开发与应用工作，丰富的插件可以拓展用户的创作思路，实现惊人的画面效果，同时也节省了制作人员的大量时间。熟悉和掌握一些常用的第三方插件，可以使用户的作品增色不少。在本章中会详细介绍 RG Trapcode 的几款插件，这也是在实际工作中经常会使用到的几款插件。Trapcode 可以说是 After Effects 最优秀的插件，如图 6-1 所示。

图 6-1

插件英文名称为 Plug-in，它是根据应用程序接口编写出来的小程序。开发人员编译并发布之后，系统就不允许进行更改和扩充了，如果要进行某个功能的扩充，则必须修改代码重新编译并发布，使用插件可以很好地解决这个问题。熟悉 Photoshop 的用户对滤镜插件一定不陌生，这些插件都是其他开发人员根据系统预定的接口编写的扩展程序。在系统设计期间并不知道插件的具体功能，仅是在系统中为插件留下预设的接口，系统启动的时候根据插件的配置寻找插件，根据预设的接口把插件挂载到系统中，如图 6-2 所示。

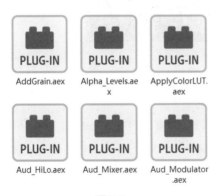

图 6-2

After Effects 的第三方插件扩展名为".aex"，Adobe 公司的 Photoshop 和 Premiere 的有些插件也可以在 After Effects 中使用。After Effects 第三方插件有两种常见的安装方式：有的插件自带有安装程序，用户可以自行安装，另外一些插件为扩展名为".aex"的文件，可以直接把这些文件放在 After Effects 安装目录下的 \Adobe\Adobe After Effects CC 2018\Support Files\Plug-ins\Effects 文件夹中，启动 After Effects 就可以使用。一般效果插件都位于【效果】菜单下，用户可以轻松地找到。找到下载好的插件，将需要安装的插件进行复制，如图 6-3 所示。

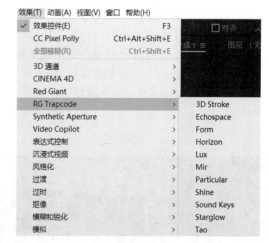

图 6-3

6.1 Particular 3.1 效果插件

Particular 插件是 Trapcode 公司针对 After Effects 软件开发的 3D 粒子生成插件。其灵活易用，主要用来实现粒子效果的制作，并支持多种粒子发射模式。Particular 自带近百种效果预置，提供多种粒子的渲染方式，可以轻松模拟现实世界中的雨、雪、烟、云、焰火、爆炸等效果，也可以产生有机的和高科技风格的图形效果，它对于运动的图形设计是非常有用的。同时在粒子运动的控制上，它对重力、空气阻力以及粒子之间斥力等相关属性的模拟也是相当出色的。在 2D 空间下，可以轻松制作出多种粒子转场效果。但是，在 3D 空间中，Emitter 发射器以及粒子尾端在空气中的运动轨迹是难以控制和设计的，如图 6-4 所示。

图 6-4

Particular 主要可以分为以下几个系统：Emitter 发射器系统，主要负责管理粒子发射器的形状、位置以及发射粒子的密度和方向等；Particle 粒子系统，主要负责管理粒子的外观、形状、颜色、大小和寿命（粒子存在时间）等；Shading 粒子着色系统，主要负责管理粒子的材质、反射、折射、环境光和阴影等；粒子运动控制系统是一个联合系统，其中包括：Physics（Master）（物理系统）、Aux System（辅助系统）、World Transform（世界变换子系统）、Visibility（可见性子系统）、Rendering（渲染子系统），渲染子系统主要负责管理 Render Mode（渲染模式）和 Motion Blue（运动模糊）等参数。

概括地说，在 Particular 中粒子有多种类型，首先，粒子可以是 Particular 系统生成的一张图像、球形、发光球体、星状、云状、烟状。其次，当使用 Custom Particular（定制粒子）时，意味着可以使用任何图像作为粒子。这就给 Particular 带来了无限的可能性。设想一下，使用一小群人作为粒子，使用 Particular 作为工具，在 After Effects 中就可以制作出复杂的欢呼的人群。所以，什么是 Particular 粒子，Particular 就是图像，在 Particular 中生成或者制作的用来当作粒子的图像。上方的【重置】是在对 Particle 进行操作后，用【重置】命令可以快速回到初始状态。值得注意的是，【重置】命令不会对已设置的关键帧进行变动，如图 6-5 所示。

图 6-5

6.1.1　Designer...

新版本的 Particular 将【动画预设】做成了单独的面板，单击 Designer...（设计者）蓝色按钮，就会打开 Designer...（设计者）面板。该面板中有近百种效果预设，合理地使用这些预设能够有效地提高制作效率。Designer...（设计者）面板一共分为 4 个区域，分别是：PRESETS AREA（预设区域）、PREVIEW AREA（预览区域）、BLOCKS/CONTROLS（模块与控制区域）、EFFECTS CHAIN（效果链区域），如图 6-6 所示。

图 6-6

Designer...（设计者）工作流程

首先在 PRESETS AREA（预设区域）选择合适的粒子类型，单击该类型就会显示在 EFFECTS CHAIN（效果链区域），在 BLOCKS/CONTROLS（模块与控制区域）调整该粒子的发射类型与运动渲染方式，EFFECTS CHAIN（效果链区域）将所有的效果组合在一起。最终单击右下角的 APPLY 按钮，即可在项目中看到该粒子的效果。

PRESETS AREA（预设区域）

预设区域有系统自带的制作好的粒子效果，一共有两种类型，分别是 SINGLE SYSTEM PRESETS（单一系统预设）和 MULTIPLE SYSTEM PRESETS（多重系统预设）。用户也可以将自己制作的粒子存为预设，在 EFFECTS CHAIN（效果链面板）设置好粒子后，单击 Save Single System 按钮，保存单一系统就可以将粒子保存成预设，如图 6-7 所示。

图 6-7

Single System Presets（单一系统预设）主要用于单一类型的粒子，只有一个发射器，如图 6-8 所示。

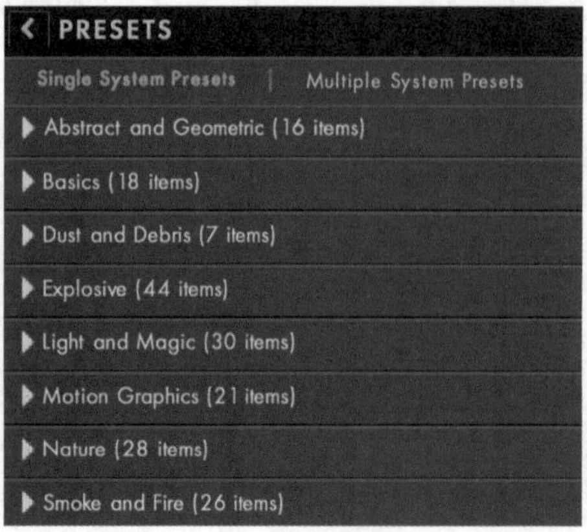

图 6-8

Multiple System Presets（多重系统预设）主要用来制作多重发射器的粒子类型，在元素中混合了几种粒子类型，如图 6-9 所示。

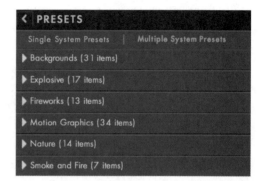

图 6-9

展开 PRESETS（预设区域）的粒子类型，可以直接预览粒子最终的效果，单击该粒子类型就可以将其添加到系统中，如图 6-10 所示。

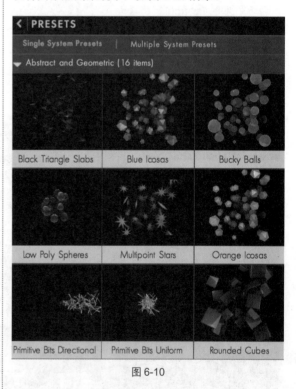

图 6-10

BLOCKS/CONTROLS（模块与控制）

单击 BLOCKS（模块）右侧的蓝色三角按钮，

会弹出相关预设模板。这里有一共 5 个模块，分别是 Emitter（发射器）模块、Particle（粒子）模块、Shading（粒子着色）模块、Physics（物理）模块和 Aux System（辅助系统）模块。在这里用户几乎可以找到所有需要的粒子模板，如图 6-11 所示。

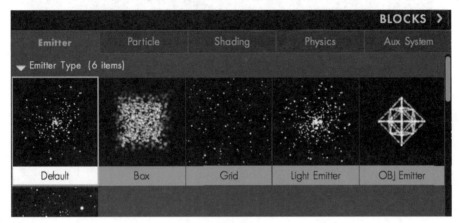

图 6-11

Emitter 发射器模块一共包含 6 种 Emitter Type 发射器类型，分别是 Default（常规）、Box（盒子）、Grid（网格）、Light Emitter（光线发射器）、OBJ Emitter（模型发射器）和 Sphere（圆形）。其中 OBJs 拓展出 47 个不同的类型，用户可以在其中找到合适的模型类型作为发射器。通过使用 3D 模型和动画 OBJ 序列作为粒子发射器，为粒子系统提供新的维度。为了增加灵活性，可以选择从 OBJ 文件的顶点、边、面或体积发射粒子，如图 6-12 所示。

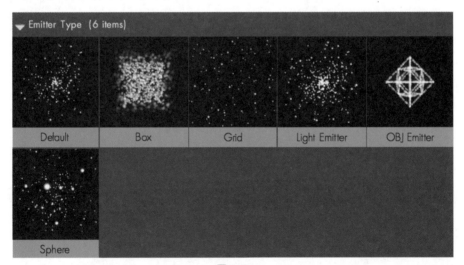

图 6-12

Motion 运动方式一共分为 7 种，分别为 Default（常规）、Bidirectional（双向）、Directional（定向）、Disc（碟状）、Inward（向内）、Outward（向外）和 Zero Motion（零点运动）（均匀散布无运动），如图 6-13 所示。

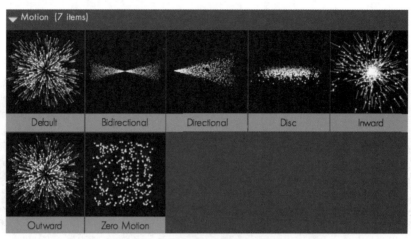

图 6-13

Particle（粒子）模块如图 6-14 所示。

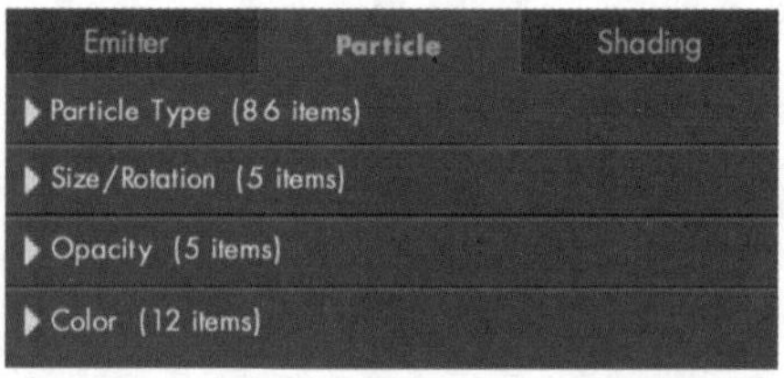

图 6-14

- Particle Type：粒子类型。
- Size/Rotation：尺寸与旋转。
- Opacity：不透明度。
- Color：颜色。

Shading（粒子着色）模块如图 6-15 所示。

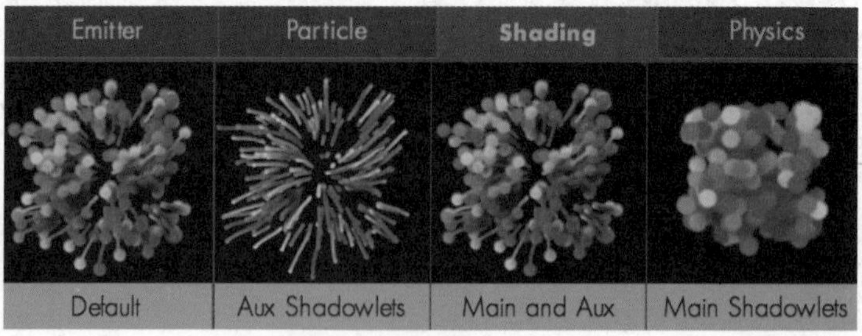

图 6-15

- Default：常规。
- Aux Shadowlets：辅助自阴影。
- Main and Aux：主系统与辅助。
- Main Shadowlets：主系统自阴影。

Physics 物理模块如图 6-16 所示。

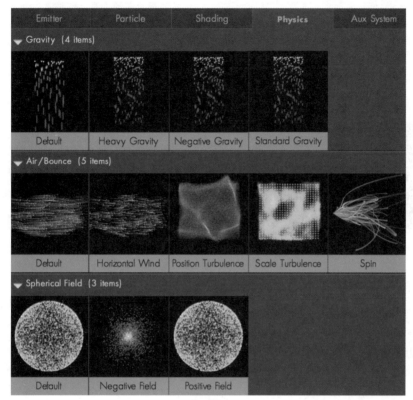

图 6-16

- Gravity：重力场。
- Air/Bounce：空气与反弹。
- Spherical Field：球形场。

　　Aux System（辅助系统）模块如图 6-17 所示。

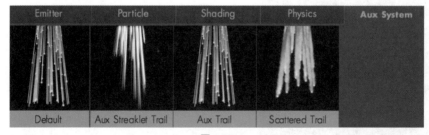

图 6-17

- Default：常规。
- Aux Streaklet Trail：辐射辅助。
- Aux Trail：辅助。
- Scattered Trail：发散辅助。

6.1.2　Show System

Show System 显示系统主要用于显示不同的粒子系统，以方便用户观察单一粒子系统所展现出的效果。可以将多种粒子系统叠加在一起使用，方便用户管理 Designer...（设计者）中所应用到的效果，如图 6-18 所示。

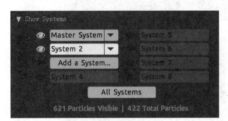

图 6-18

6.1.3　Emitter

Emitter 发射器主要控制粒子发射器的属性，它的参数设置涉及发射器生成粒子的密度、发射器形状和位置，以及发射粒子的初始方向等。Emitter 后面的 Master（主属性）会随着 System 切换。如果建立多重系统，括号内的文字就会发生变化，如图 6-19 所示。

图 6-19

● Emitter Behavior（发射器行为模式）：控制发射器发射粒子的方式，如图 6-20 所示。

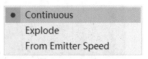

图 6-20

» Continuous：连续式发射。

» Explode：爆炸式发射。

» From Emitter Speed：依据发射器速度。

● Particles/sec（粒子/秒）：控制每秒发射粒子的数量。

● Emitter Type（发射器类型）：决定粒子以什么方式发射，默认设置为 Point（点）发射，如图 6-21 所示。

图 6-21

» Point（点）：粒子从空间中的单一点发射。

» Box（盒子）：粒子从立体的盒子中发射。

» Sphere（球形）：粒子从球形区域中发射。

» Grid（网格）：粒子从网格的交叉点发射（在图层中的虚拟网格）。

» Light（灯光）：使用灯光粒子发射器，首先要新建一个灯光（调节灯光的位置，相当于调节发射器的位置），粒子从灯光中向外发射。在灯光自身选项中，灯光的颜色会影响粒子的颜色，灯光强度也会对粒子产生影响（如果调低灯光强度，相当于降低每秒从灯光中发射的粒子数量），在一个 Particular 中可以有多个灯光发射器，每个灯光发射器可以有不一样的设置。例如，只是用一个 Particular，两个不同的灯光在两个不同的地方生成粒子，粒子的强度与颜色可以调节。总地来说，灯光发射器十分便捷。

» Layer（图层）：将图片作为发射器发射粒子（需

要把图层转换为 3D 图层）。使用图层作为发射器可以更好地控制从哪里发射粒子。

» Layer Grid（图层网格）：从图层网格中发射粒子，与 Grid 发射器类似（需要把图层转换为 3D 图层）。

» OBJ Model（OBJ 模式）：使用模型作为发射源。

● Position XY：设置粒子 XY 轴的位置。

● Position Z：设置粒子 Z 轴的位置。

● Position Subframe：在发射器位置的移动非常迅速时，平滑粒子的运动轨迹。在 Particular 中，默认的设置是 Linear（线性的），表示每一帧线性诠释，如图 6-22 所示。

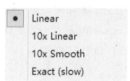

图 6-22

» Linear：默认情况下，位置子帧设置为线性。

» 10×Linear：10 倍线性，在 10 子帧时间点上创建一个新的位置粒子，然后从得到的点的粒子采样位置。对快速移动的粒子来说，这将会有更准确的位置。

» 10×Smooth：设置 10 倍平滑，这种模式可以提供一个沿着路径稍微流畅的运动，但呈现在几乎相同的速度为 10 倍的线性模式上。

» Exact（slow）：将根据发射器位置的速度，准确地计算每个粒子的位置。一般不推荐使用，除非有非常精确的粒子场景。

● Direction（方向）：粒子发射方向，如图 6-23 所示。

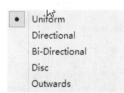

图 6-23

» Uniform（统一）：当粒子从 Point（点）或者别的发射器类型发射出来时，会向各个方向移动。Uniform 是 Direction（方向）的默认选择。

» Directional：从某一端口向特定的方向发射粒子。

» Bi-Directional：从某一端口向着两个完全相反的方向同时发射粒子，通常两个夹角为 180°。

» Disc（碟状）：在两个维度上向外发射粒子，形成一个盘形。

» Outwards：粒子总是向着远离中心的方向运动，当发射器类型是 Point 时，Qutward 与 Uniform 完全一致。

● Direction Spread[%]（方向扩展）：粒子扩散程度。控制粒子的扩散程度，该值越大，向四周扩散出来的粒子就越多；反之，向四周扩散的粒子就越少。

● X/Y/Z Rotation（旋转）：控制粒子发射器在 3D 空间中的旋转。特别是控制生成粒子时的发射器的方向，如果对其设置关键帧，生成的粒子会随着时间向不同的方向运动。

● Velocity（速率）：控制粒子运动的速度。当值设置为 0 时粒子是静止不动的。

● Velocity Random[%]（速率随机性）：使粒子的 Velocity（速率）随机变化，随机增加或者减少每个粒子 Velocity（速率）。

● Velocity from Motion[%]（运动速度）：粒子辅助的长度。允许粒子继承运动中发射器的 Velocity 属性。设为正值时，粒子随着发射器移动的方向运动；设为负值时，粒子向着发射器移动的反方向运动。

● Emitter Size X/Y/Z（发射器尺寸）：设置发射器在各个轴向上的大小（切换不同 Emitter Type 时激活该属性）。

● Particles/sec modifier：允许发射来自灯光的粒子，当发射器类型选择灯光时被激活，如图 6-24 所示。

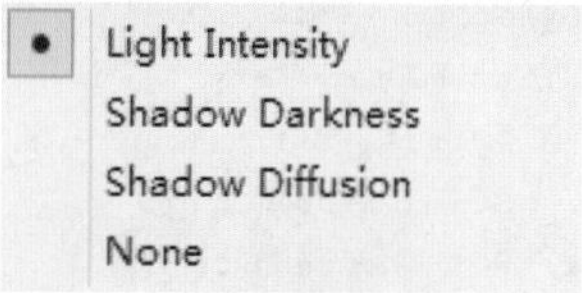

图 6-24

» Light Intensity：使用强度值来改变发射率。

» Shadow Darkness：使用阴影暗部值来改变发射率。

» Shadow Diffusion：使用阴影扩散值来改变发射率。

» None：不基于任何灯光属性改变发射率。当光照强度用于其他事情（如实际照明场景）时是很有用的选项。

● Layer Emitter（发射图层）：设置图层发射器的控制参数（Emitter Type 选择 Grid、Layer、Layer Grid 时，Layer Emitter 选项激活），如图 6-25 所示。

图 6-25

» Layer：定义作为粒子发射器的图层。

» Layer Sampling（图层采样）：定义图层是否读取仅在诞生时的粒子，或者持续更新每一帧，如图 6-26 所示。

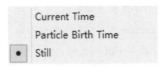

图 6-26

▢ Current Time：对于被合成的文字图层或者没有动画的图形图层来说，每一帧的内容都是相同的。

▢ Particle Birth Time：发射粒子基于有动画的内容图层。

● Layer RGB Usage（图层 RGB 用法）：图层定义了如何使用 RGB 控制粒子大小、速度、角度和颜色，如图 6-27 所示。

图 6-27

» Lightness-Size：亮度值影响粒子的大小，黑色时粒子不可见，白色时完全可见。

» Lightness-Velocity：粒子速度受亮度值影响。

» Lightness-Rotation：粒子角度受亮度值影响。

» RGB-Size Vel Rot：该选项是对前面菜单的组合。使用 R（红色通道）值来定义粒子尺寸；使用 G（绿色通道）值来控制粒子速度；使用 B（蓝色通道）值来控制粒子角度。

» RGB-Particle Color：仅使用每个像素的 RGB 颜色信息确定粒子颜色。

» None：选择此选项只需要设置粒子发射区。

● Grid Emitter：此参数组可以在 2D 或 3D 网格发射粒子。选择 Emitter Type（发射器类型）中的 Grid（网格）或 Layer Grid（层网格）激活此参数组，如图 6-28 所示。

图 6-28

» Particular in X/Y/Z：控制 X、Y、Z 轴向上网格中发射的粒子数目，该值设置越大就会产生更多的粒子。

» Type（类型）：控制粒子发射沿网格的类型，有两个选项，如图 6-29 所示。

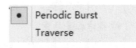

图 6-29

▢ Periodic Burst：整个网格的粒子只发射一次。

▢ Traverse：一个粒子在网格中将按横向顺序发射一次。

● OBJ Emitter（OBJ 发射器）：选择 Emitter Type（发射器类型）中的 OBJ Model（OBJ 模式），激活此参数组，如图 6-30 所示。

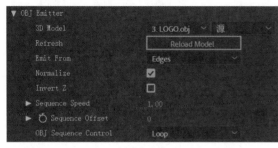

图 6-30

» 3D Model：使用 3D 模型和动画 OBJ 序列作为粒子发射器。

» Refresh：重新加载模型。当第一次加载一个 OBJ 时，缓存动画然后使用这些信息。一旦 OBJ 缓存完成，如果 OBJ 中有任何变化，你不会在动画中看到这些变化。如果想重新缓存动画，单击 Refresh 按钮刷新 OBJ 模型。

» Emit From：选择发射类型，如图 6-31 所示。

图 6-31

  □ Vertices：使用模型上的点作为发射源。
  □ Edges：使用模型上的边作为发射源。
  □ Faces：使用模型上的面作为发射源。
  □ Volume：使用模型体积作为发射源。

» Normalize：确定发射器的缩放与移动的标准（以第一帧为主），定义其边界框。

» Invert Z：Z 轴方向反转模型。

» Sequence Speed：OBJ 序列帧的速度。

» Sequence Offset：OBJ 序列帧的偏移值。

» OBJ Sequence Control：控制 OBJ 序列帧为 Loop（循环）还是 Once（一次性）播放。

● Emission Extras：其他发射属性，如图 6-32 所示。

图 6-32

» Pre Run：提前预备发射粒子。

» Periodicity Rnd：随机频率。

» Lights Unique Seeds：使用多个灯光发射器时，使每个灯光发射器采用不同的粒子形态。

● Random Seed：粒子随机属性。

6.1.4　Particle

　　Particle 粒子系统主要负责管理粒子的外观、形状、颜色、大小、生命持续时间等。在 Particular 中的粒子可以分为 3 个阶段：出生、生命周期和死亡，如图 6-33 所示。

图 6-33

● Life[sec]：控制粒子从出现到消失的时间，默认设置为 3 秒。

● Life Random[%]：随机地增加或者减少粒子的生命。该值设置越大，每个粒子生命周期将会具有很大的随机性，变大或者变小，但不会导致生命为 0。

● Particle Type：粒子类型控制菜单，如图 6-34 所示。

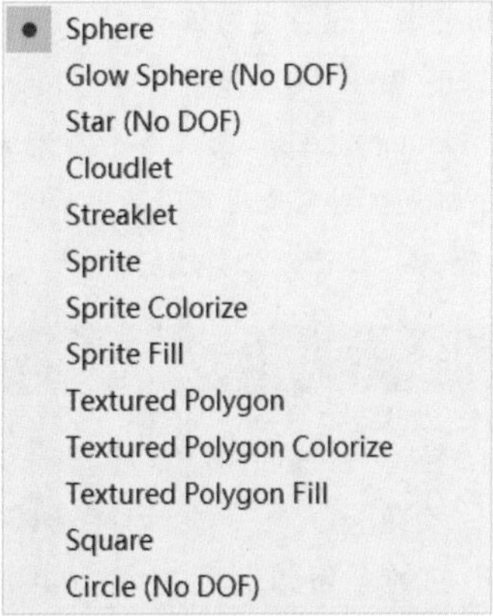

Sphere
Glow Sphere (No DOF)
Star (No DOF)
Cloudlet
Streaklet
Sprite
Sprite Colorize
Sprite Fill
Textured Polygon
Textured Polygon Colorize
Textured Polygon Fill
Square
Circle (No DOF)

图 6-34

» Sphere：球形粒子，一种基本粒子图形，也是默认值，可以设置粒子的羽化值。

» Glow Sphere（No DOF）：发光球形，除了可以设置粒子的羽化值，还可以设置辉光度。

» Star（No DOF）：星形粒子，可以设置旋转值和辉光度。

» Cloudlet：云层形，可以设置羽化值。

» Streaklet：长时间曝光，大点被小点包围的光绘效果。利用 Streaklet 可以创建一些真正有趣的动画。

» Sprite/Sprite Colorize/Sprite Fill：Sprite 粒子是一个加载到 Form 中的自定义图层。需要为 Sprite 选择一个自定义图层或贴图。图层可以是静止的图片，也可以是一段动画。Sprite 总是沿着摄像机定位，在某些情况下这是非常有用的。在其他情况下，不需要图层定位摄像机，只需要它的运动方式像普通的 3D 图层。这时候可以在 Textured、Polygon 类型中进行选择。Colorize 是一种使用亮度值彩色粒子的着色模式；Fill 是只填补 Alpha 粒子颜色的着色模式。

» Textured Polygon/Textured Polygon Colorize/Textured Polygon Fill：Textured Polygon 粒子是一个加载到 Form 中的自定义图层。Textured Polygons 是有自己独立的 3D 旋转和空间的对象。Textured Polygons 不定位 After Effects 的 3D 摄像机，而是可以看到来自不同方向的粒子，能够观察到在旋转中的厚度变化；Textured Polygons 控制所有轴向上的旋转和旋转速度。Colorize 是一种使用亮度值彩色粒子的着色模式；Fill 是只填补 Alpha 粒子颜色的着色模式。

» Square：方形粒子。

» Circle（No DOF）：环形粒子。

● Particle Feather（羽化）：控制粒子的羽化程度和透明度的变化，默认值 50。

● Texture：控制自定义图案或者纹理（只有 Particular Type 选择 Sprite 或者 Textured 类型时该命令栏被激活），如图 6-35 所示。

图 6-35

» Layer（图层）：选择作为粒子的图层。

» Time Sampling（时间采样）：时间采样模式是设定 Particle 把贴图图层的哪一帧作为粒子形态，如图 6-36 所示。

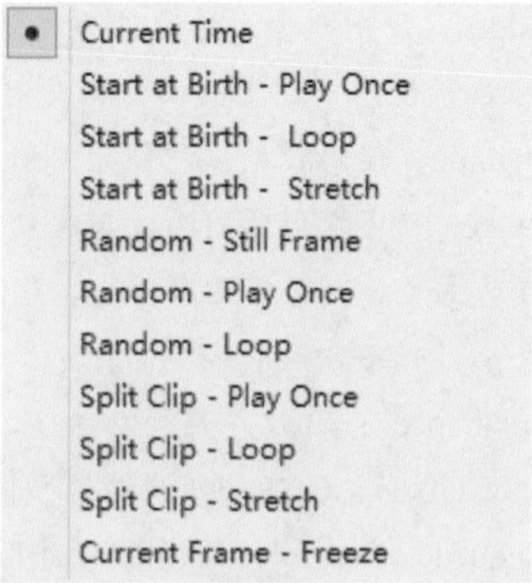

Current Time
Start at Birth - Play Once
Start at Birth - Loop
Start at Birth - Stretch
Random - Still Frame
Random - Play Once
Random - Loop
Split Clip - Play Once
Split Clip - Loop
Split Clip - Stretch
Current Frame - Freeze

图 6-36

» Random Seed：随机值，默认设置为 1，不改变粒子位置被随机采样的帧。

» Number of Clips：剪辑数量，该数值决定以何种形式参与粒子形状循环变化。Time Sampling 选择为 Split Clip 类型的模式时，Number of Clips

参数有效。

» Subframe Sampling：子帧采集允许样本帧在来自自定义粒子的两帧之间。在 Time Sampling（时间采样）选择 Still Frame 时被激活。当开启运动模糊时，这个参数的作用效果更加明显。

● Rotation（旋转）：决定粒子在出生时刻的角度，可以设置关键帧动画，如图 6-37 所示。

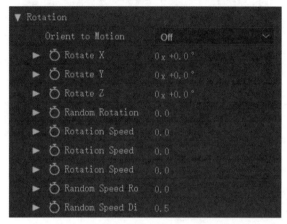

图 6-37

» Orient to Motion：允许定位粒子移动的方向。默认情况下，此设置关闭，如图 6-38 所示。

图 6-38

» Rotation X/Y/Z：粒子绕 X、Y 和 Z 轴旋转。这些参数主要用于 Textured Polygon。X、Y 轴在启用 Textured Polygon 时可用；Z 轴在启用 Textured Polygon、Sprite 和 Star 时可用。

» Random Rotation（旋转随机值）：设置粒子旋转的随机性。

» Rotation Speed X/Y/Z：设置 X、Y 和 Z 轴上粒子旋转速度。X、Y 轴在启用 Textured Polygon 时可用；Z 轴在启用 Textured Polygon、Sprite 和 Star 时可用。Rotation Speed 可以让粒子随时间转动，这个数值表示每秒旋转的圈数。没有必要将值设置得太高，设置为 1，表示每个粒子每秒旋转一周；设置为 −1，表示反方向旋转一周。通常设置为 0.1，默认设置为 0。

» Random Speed Rotate：设置粒子的旋转速度随机性。有些粒子旋转得更快，有些粒子旋转得慢一些，这对于一个看上去更自然的动画是很有用的。

» Random Speed Distribution：启用微调旋转速度的随机速度。0.5 的默认值是正常的分布，将参数设置为 1 时均匀分布。

● Aspect Ratio：设置粒子的纵横比。

● Size（尺寸）：该设置决定粒子出生时的大小。

● Size Random[%]（随机尺寸）：设置粒子大小的随机性。

● Size over Life：控制每个粒子的大小随时间的变化。Y 轴表示粒子的大小，X 轴表示粒子从出生到死亡的时间。X 轴顶部表示上面设定的粒子大小加上 Size Random 的数值。可以自己设置曲线，常用曲线在图形右侧，如图 6-39 所示。

图 6-39

» Smooth：让曲线变得光滑。

» Randomize：使曲线随机化。

» Flip：使曲线水平翻转。

» Copy：复制一条曲线到系统剪贴板上。

» Paste：从剪贴板上粘贴曲线。

● Opacity（透明度）：设置粒子出生时的透明度。

● Opacity Random[%]（随机透明度）：设置粒子之间透明度变化的随机性。

● Opacity over Life：作用类似 Size over Life，用于控制不透明度的变化周期，如图 6-40 所示。

图 6-40

● Set Color（颜色设置）：设置颜色拾取模式，如图 6-41 所示。

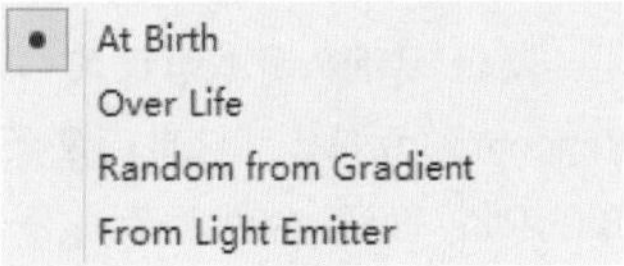

At Birth
Over Life
Random from Gradient
From Light Emitter

图 6-41

» At Birth：设置粒子出生时的颜色，并在其生命周期中保持不变（默认设置）。

» Over Life：设置颜色随时间发生变化。

» Random From Gradient：设置从 Color over Life 中随机选择颜色。

» From Light Emitter：设置灯光颜色来控制粒子颜色。

● Color（颜色）Set Color 选择 At Birth 时此选项激活，可以设置粒子出生时的颜色。

● Color Random（随机颜色）：设置现有颜色的随机性，这样每个粒子就会随机地改变色相。

● Color over Life：表示粒子随时间的颜色变化。从粒子出生到死亡，颜色会从红色变到黄色，然后再变到绿色，最后变到蓝色。粒子会在它们的寿命中经历这样一个颜色变化的周期。图表的右侧有常用的颜色变化方案，我们还可以任意添加颜色，只需要单击图形下面区域；删除颜色只需选中颜色然后向外拖曳即可。双击方块颜色即可改变颜色，如图 6-42 所示。

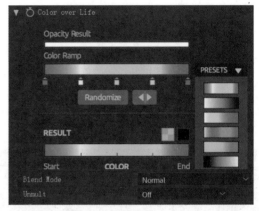

图 6-42

● Blend Mode：转换模式控制粒子融合在一起的方式，这很像 After Effects 中的混合模式，除了个别粒子在三维空间层中，如图 6-43 所示。

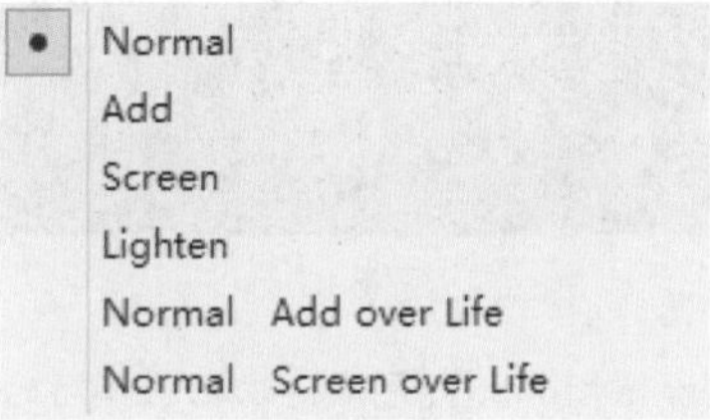

Normal
Add
Screen
Lighten
Normal   Add over Life
Normal   Screen over Life

图 6-43

» Normal：正常的融合模式。

» Add：与 After Effects 中的叠加模式相同，增加色彩，使粒子更加突出并且无视深度信息。

» Screen：粒子筛选在一起。Screen 结果往往比正常的模式更明亮，并且无视深度信息。有助于灯光效果和火焰效果。

» Lighten：Lighten 颜色效果与 Add 和 Screen 不同。Lighten 意味着按顺序沿着 Z 轴被融合，但仅仅只有像素比之前模式下更明亮。

» Normal Add over Life：超越了 After Effects 的内置模式，随时间改变 Add 叠加的效果。

» Normal Screen over Life：超越了 After Effects 的内置模式，随时间改变 Screen 叠加方式。

● Blend Mode over Life：曲线图可以大致控制粒子颜色的叠加方式，下面是 Normal 叠加模式，上面是 Add 或者 Screen 模式。X 轴表示时间，Y 轴表示 Add 或者 Screen 叠加模式。随着时间的变化叠加模式也会发生变化。图表右侧有预设曲线可供参考，如图 6-44 所示。

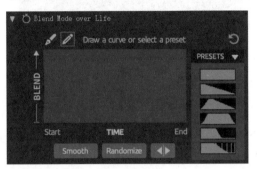

图 6-44

» Smooth：让曲线变得光滑。

» Randomize：使曲线随机化。

» Flip：使曲线水平翻转。

» Copy：复制一条曲线到系统剪贴板上。

» Paste：从剪贴板上粘贴曲线。

● Glow：辉光组增加了粒子光晕，但是不能设置关键帧。

» Size：设置 Glow（辉光）的大小。较小的值添加微弱的辉光。较大的值将明亮的辉光指定给粒子。

» Opacity：设置 Glow（辉光）的不透明度。较小的值添加透明的辉光。较大的值指定给粒子的辉光更实在。

» Feather：设置 Glow（辉光）的柔和度。较小的值添加一个球和固体的边缘。较大的值指定给粒子羽化的柔和边缘。

» Blend Mode：转换模式控制粒子以何种方式融合在一起，如图 6-45 所示。

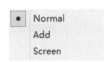

图 6-45

☐ Normal：正常的融合模式。

☐ Add：粒子被叠加在一起，这是非常有用的灯光效果和火焰效果，也是经常使用的效果。

☐ Screen：粒子经过筛选融合在一起，有助于

灯光效果和火焰效果。

● Streaklet：Streaklet 组设置一种被称为 Streaklet 的新粒子属性。当 Particle Type 是 Streaklet 时处于激活状态。

» Random Seed：随机值，随机地定位小粒子点的位置。改变 Random Seed（随机值）可以迅速改变 Streaklet 粒子的形态。

» No Streaks：设置 Streaks 的数量（No 是数量的英文缩写），较高的值可以创建一个更密集的渲染线；较低的值将使 Streaks 在三维空间中作为点的集合。

» Streaks Size：设置 Streaks 总体的大小。较小的值使 Streaks 显得更薄；较大的值使 Streaks 显得更厚、更加明亮。值为 0 将关闭 Streaks。

6.1.5　Shading

Shading 着色处理可以在粒子场景中添加特殊的效果阴影，如图 6-46 所示。

图 6-46

● Shading（着色）：默认设置为 Off。将其设置为 On，下拉列表会被激活，粒子将会受到灯光影响，出现明暗效果，灯光的属性会影响到粒子的状态。

● Light Falloff（灯光衰减）：设置灯光的衰减方式。

» None（After Effects）：所有的粒子有相同数量的 Shading，无论粒子与光的距离如何。

» Natural（Lux）：默认设置。让光的强度与距离的平方减弱，从而使粒子进一步远离光源，会显得更暗。

191

- Nominal Distance（指定距离）：控制灯光从什么位置开始衰减，默认设置为250。
- Ambient（环境光）：定义粒子将反射多少环境光，环境光是背景光，它辐射在各个方向，到处都是且对被照射到的物体和物体阴影均有影响。
- Diffuse（漫反射）：确定粒子的漫反射强度。
- Specular Amount（高光数量）：控制粒子的高光强度。
- Specular Sharpness：定义尖锐的镜面反射。当Sprite 和 Textured Polygon 粒子类型被选中时，激活此参数。例如，玻璃的高光区域非常尖锐，塑料就不会有很尖锐的高光。Specular Sharpness 还可以降低 Specular Amount 的敏感度，使它对粒子角度不那么敏感。较高的值使它更敏感，较低的值使它不太敏感。
- Reflection Map：镜像环境中的粒子体积。当 Sprite 和 Textured Polygon 粒子类型被选中时激活此参数，默认关闭。创建映射，在时间轴上选择一个图层。反射环境中的大量粒子对场景有很大的影响，如果可以在场景中创建环境映射，那么粒子将会融合得很好。
- Reflection Strength：定义反射映射的强度。因为反射映射能结合来自合成灯光中常规 Shading，反射强度对于调整观察是有用的。默认值是100，默认状态下关闭。较小的值记录下反射映射的强度和混合来自场景中的 Shading。
- Shadowlet for Main：启用 self-shadowing（自阴影）粒子中的主系统。默认情况下菜单设置为 Off。打开它可以得到粒子的投射阴影。
- Shadowlet for Aux：控制启用 self-shadowing（自阴影）粒子辅助系统。这是一个额外的粒子发射系统，它允许主要的粒子发射系统发射自己的粒子。该选项允许控制阴影的主要粒子从辅助粒子中分离。
- Shadowlet Settings：该控件提供了一个柔软的自阴影粒子体积。Shadowlet 创建一个关闭的主灯的阴影。可以把它想象成一个体积投影，圆锥阴影从光线的角度模拟每个被创建粒子的阴影，如图 6-47 所示。

图 6-47

» Color：控制 Shadowlet 阴影的颜色，可以选择一种颜色使 Shadowlet 的阴影看上去更加真实。通常使用较深的颜色，像黑色或褐色，对应场景的暗部。如果有彩色的背景图层或者场景有明显的色调，一般默认的黑色阴影看上去就显得不真实，需要调整。

» Color Strength：控制 RGB 颜色强度，对粒子的颜色加权计算 Shadowlet 阴影。强度设置 Shadowlet 颜色如何与原始粒子的颜色相混合。默认情况下，使全覆盖设置值为100。较小的值使较少的颜色混合。

» Opacity：设置不透明度的 Shadowlet 阴影，控制阴影的强度，默认值是5。不透明度通常有较低的设置，介于 1 ~ 10 之间。可以增加要摇晃的阴影的不透明度值。在某些情况下，设置较大的值是可行的，例如，粒子分散程度很高。但是在大多数情况下，粒子和阴影将会显得相当密集，所以应该使用较小的值。

» Adjust Size：影响 Shadowlet 阴影的大小。默认值是100。较大的值创建的阴影较大，较小的值创建一个较小的阴影。

» Adjust Distance：从阴影灯光的方向移动 Shadowlet 的位置，默认设置为100。较小的值将使 Shadowlet 更接近灯光，因此投下的阴影是更强的。较大的值使 Shadowlet 远离灯光，因此投下的阴影是微弱的。

» Placement：控制 Shadowlet 在 3D 空间的位置，如图 6-48 所示。

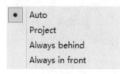

图 6-48

□ Auto：默认设置。自动让 Form 决定最佳
定位。

□ Project：Shadowlet 深度的位置取决于
Shadowlet 的灯光在哪里。

□ Always behind：Shadowlet 后面粒子的位置。
此设置是非常有用的，如果是 Auto（自动）
会造成不必要的闪烁。

□ Always in front：Shadowlet 前面粒子的位置。
这个设置也是有用的，如果 Auto（自动）
设置造成不必要的闪烁。由于阴影始终是
在前面，它可以给粒子一种有趣的深度感。

6.1.6 Physics

Physics 对粒子的物理属性以及物理运动进行
设置。物理组控制一次发射的粒子如何移动，可以
设置如 Gravity（重力）、 Turbulence（动荡）和
控制粒子在合成中对其他层的 Bounce（反弹），
如图 6-49 所示。

图 6-49

● Physics Model： 物理模式决定粒子如何移
动。有两种不同的方式，默认情况下是 Air。

» Air：这是默认设置，用来改变粒子如何通过
空气。

» Bounce：此设置可以控制粒子在合成中反弹到
其他图层上。

● Gravity（重力）：控制粒子的重力。正值粒子会
向下降，负值粒子会上升。

● Physics Time Factor：时间因素可以用来加快或减
慢粒子运动，也可以让粒子运动完全冻结，甚至
是粒子反方向运动。该控件是可以设置关键帧，
方便启用或者停止命令效果。

● Air：空气组控制粒子如何通过空气，如空气阻

力、旋转、动荡和风所控制的推和拉。当 Physics
Model（物理模式）选择 Air（空气）时激活该参数，
如图 6-50 所示。

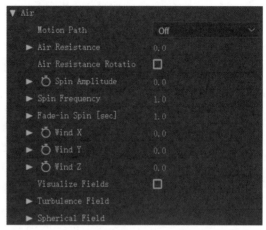

图 6-50

» Motion Path：运动路劲可以允许粒子按照自定
义的 3D 路径进行运动。如果选择使用自定义路
径，重要的是移动发射器实际开始所在的路径。
运动路径的下拉列表允许选择遮罩作为运动将
循环的路径。

» Air Resistance：空气阻力使粒子通过空间的速
度随时间推移而降低。常用于制作爆炸和烟花
效果，粒子以高速度开始，然后逐渐慢下来。

» Air Resistance Rotation：空气阻力降低它们的速
度停止粒子的飞行，然后重力接管，粒子开始
下降。但随着粒子停止飞行，它们也应该不会
转动。空气阻力会对粒子的旋转产生影响，粒
子将在开始时快速旋转，当降低空气阻力时，
粒子的旋转也会减少。该参数设置有助于使粒
子运动看起来更加自然（全三维的旋转只适用
于 Textured Polygon 粒子类型）。

» Spin Amplitude：自旋幅度使粒子移动在随机的、
圆形的轨道上。值为 0 时关闭自转运动。较小
的值会有较小的圆形轨道；较大的值会有较大
的圆形轨道。该值的设置有利于粒子运动的随
机性，使动画效果看起来更加自然。

» Spin Frequency：自旋频率设定自旋粒子在其轨
道上移动的速度小。小值意味着粒子在其轨道

上缓慢旋转，值越大粒子旋转速度更快。

» Fade-in Spin[sec]：设置粒子在消失之前有多长时间完全受到旋转控制，以秒为单位。大值意味着自旋前需要一段时间影响的粒子，使动画淡入逐渐超过时间。

» Wind X/Y/Z：控制X、Y、Z轴风力的大小，使所有的粒子均匀地在风中移动，并且可以设置关键帧。

» Visualize Fields：该控件有效地简化了Turbulence Field（湍流场）和Spherical Field（球形区域）的工作。使用Visualize Fields（可视化区域）有时候需要确切知道Displacement field（位移场）的状态。勾选此选项所有的场都可视。

» Turbulence Field：设置紊流场属性。紊流场不是基于流体动力学的，它是基于Perlin噪声的一种4D位移。紊流场能够很好地实现火焰和烟雾效果，使粒子运动看起来更加自然，因为它可以模拟一些穿过空气或液体粒子的行为。当紊流场的巨型三维地图包含不同的数字，随时间而变化的，可以改变粒子的位置或大小。地图的演变和复杂性，使其有助于流体状运动的粒子，如图6-51所示。

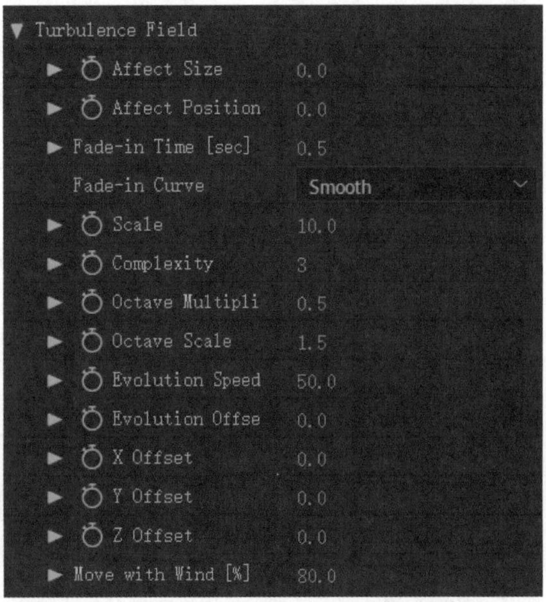

图6-51

□ Affect Size（影响大小）：增大该数值，可以使空间中粒子受空气的扰动呈现一片大、一片小的效果。

□ Affect Position（影响位置）：增大该数值，可以使空间中粒子受空气的扰动呈现部分粒子向一个位置移动，部分粒子向另一个位置移动的效果。

□ Fade-in Time[sec]：淡入时间设置的时间之前，粒子完全受紊流场影响，以"秒"为单位。大值意味着大小或者位置的变化从紊流场需要一段时间才能出现，随着时间的推移逐渐淡出。

□ Fade-in Curve：控制淡入粒子位移随时间变化。在紊流运动和尺寸变化中，预设了线性与平滑两种不同的淡入方式。默认情况下为Smooth（平滑）模式，在紊流行为随着时间的推移中粒子过渡不会受到明显的障碍。Linear（线性）过渡效果显得有些生硬，有明显阻碍。

□ Scale：为分形场创建的值，设置总体乘数。较大的值将导致混乱的位移，在领域中的每个值会导致粒子的位置或大小发生变化。

□ Complexity：控制分形场的复杂性，数值越大分形场的复杂度越高。

□ Octave Multiplier：设置指定数量的复杂控制。设置更大的值，将在所有4个维度的场创建一个更密集、更多样化的分形场。该参数能改变场的复杂性，但并不会导致可视性的变化，除非复杂性设置为2或者更高。

□ Octave Scale：设置指定数量的复杂度，控制每个增值噪声场。小值将创建一个稀疏的场，这会导致非常不规则间隔的位移；大值将创建一个密集的场，更明显的效果。

□ Evolution Speed：控制粒子的进化速度由慢变快。

□ Evolution Offset：该控件偏移紊流场中的第

四维度——时间。Evolution Offset 给出如何更好地控制湍流场的随时间变化。

□ X/Y/Z Offset：设置紊流场 3 个轴向上的偏移量，可设置关键帧动画。

□ Move with Wind[%]：该控件能够用风来移动紊流场。它连接紊流场到风的 X、Y、Z 轴，控制空气组和测量风的百分比。默认值是 80，看起来更逼真的烟雾效果。在现实生活中紊流空气由风来移动和改变，此值确保粒子能够模拟类似的行为方式。

» Spherical Field（球形区域）：定义一个粒子不能进入的区域（因为 Particular 是一个 3D 的粒子系统，所以有时候粒子会从区域后面通过，但是通常情况下粒子会避开这个区域而不是从中心通过），如图 6-52 所示。

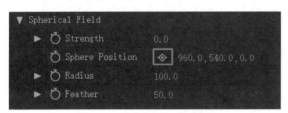

图 6-52

□ Strength（强度）：控制区域内对粒子的排斥强度。

□ Sphere Position XY：定义球形区域 X、Y 轴的位置。

□ Sphere Position Z：定义球形区域 Z 轴的位置。

□ Radius（半径）：设置球形区域的半径。

» Feather（羽化）：设置球形区域边缘羽化值，默认值为 50。

● Bounce（反弹）：反弹模式用来使粒子在合成中特定层反弹。当 Physics Model（物理模式）选择 Bounce（反弹）时激活该参数，如图 6-53 所示。

» Floor Layer（地板图层）：使用此模式可以选择地板图层反弹。地板必须选择"连续栅格化"开关已关闭的图层。地板不能为文本图层，但可以在预合成中使用文本。

图 6-53

» Floor Mode（地板模式）：设置地板模式。

□ Infinite Plane：无限平面，扩展图层的尺寸到无限大，并且粒子不会反弹或关闭图层的边缘。

□ Layer Size：使用图层的尺寸来计算的反弹区域。

□ Layer Alpha：使用图层指定区域的 Alpha 通道来计算反弹区域，此选项创建图层范围内的反弹区域。

» Wall Layer：选择反弹的 Wall Layer（壁层）。壁层应该由 3D 图层开关启用。壁层必须是"连续栅格化"开关已关闭的图层。壁层不能是文本图层，但可以在预合成中使用文本。

» Wall Mode：选择墙面模式。

» Collision Event：控制粒子在碰撞期间的反应，有 4 种不同的方式，默认是反弹，如图 6-54 所示。

图 6-54

□ Bounce：当粒子撞击地板或壁层后会反弹。

□ Slide：当粒子撞击地板或壁层后会滑动，平行于地板或壁层。

□ Stick：当粒子撞击地板或壁层后，粒子停止运动，并且保持在反弹层上。

□ Kill：当粒子撞击地板或壁层后会消失。

» Bounce（反弹）：控制粒子反弹的程度。

» Bounce Random[%]（反弹随机性）：设置粒子反弹的随机性。

» Slide（滑动）：粒子撞击时会发生滑动。

6.1.7 Aux System

Aux System（辅助系统）：主要用于控制 Particular 生成背景和设计元素，实际上 Aux System 包括两种粒子发射方式，发射器可以从 Continously 发射粒子，或者从 At Bounce Event 发射粒子。辅助粒子系统可以控制主要粒子系统之外的粒子，进而对整个画面中的粒子进行更加准确的控制。合理地使用辅助系统可以生成各种有趣的动画效果，可以利用该系统来模拟雨滴坠落在地面后的反弹效果，如图 6-55 所示。

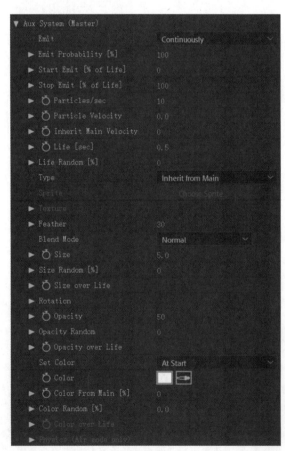

图 6-55

● Emit（发射）：打开辅助粒子系统，默认状态为关闭。

» Off：关闭辅助粒子系统。

» At bounce Event：在碰撞事件发生时发射粒子。

» Continously：粒子本身变成了发射器，持续产生粒子。

● Emit Probability[%]：设置多少主要粒子实际产生辅助粒子，以百分比为衡量单位。较小的值有较少的粒子产生；较大的值会产生较多的粒子。

● Start Emit[% of Life]：起始发射辅助粒子的寿命。

● Stop Emit[% of Life]：终止发射辅助粒子的寿命。

● Particles/sec：粒子每秒生产的数量。

● Particles Velocity：粒子的速度。

● Inherit Main Velocity：继承的速度。

● Life[sec]：设置辅助粒子的寿命，小值时粒子寿命更短，大值时粒子寿命更长。

● Life Random[%]：设置辅助粒子的寿命随机值。

● Type：设置辅助系统所使用的粒子类型。默认情况下与主要粒子系统使用相同的粒子类型，如图 6-56 所示。

图 6-56

● Sprite（精灵）：Sprite 类型被选中，该选项被激活，可以指定粒子图案，如图 6-57 所示。

● Texture：使用纹理作为发射源，如图 6-58 所示。

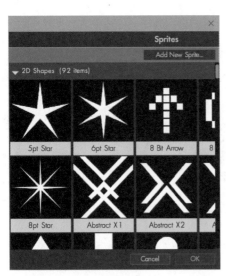

图 6-57

图 6-58

● Feather：设置辅助粒子的羽化值。

● Size：设置辅助粒子的大小。

● Size Random[%]：控制粒子的随机值。

● Size over Life：控制每个粒子的大小随时间的变化。
Y 轴表示粒子的大小，X 轴表示粒子从出生到死
亡的时间。X 轴顶部表示上面设定的粒子大小加
上 Size Random 的数值。可以设置曲线，常用曲线
在图形右侧，如图 6-59 所示。

图 6-59

● Rotation：设置辅助粒子的旋转角度。

● Opacity：设置辅助粒子的不透明度。

● Opacity over Life：作用与 Size over Life 类似，如
图 6-60 所示。

图 6-60

● Color From Main[%]：设置从 Continously（主粒
子）继承颜色的百分比。默认值是 0，表示颜色
由 Color over Life 来决定，该值越大粒子颜色受
Continously 的影响就越大。

● Color Random[%]：颜色的随机值。

● Color over Life：表示粒子随时间的颜色变化。从
粒子出生到死亡，颜色会从红色变化到黄色，然
后在变化到绿色，最后变化到蓝色。粒子在它们
的寿命中会经历这样一个颜色变化的周期。图表
的右侧有常用的颜色变化方案，也可以任意添加
颜色，只需要单击图形下面区域；删除颜色只需
要选中颜色然后向外拖曳即可；双击方块颜色可
以改变颜色，如图 6-61 所示。

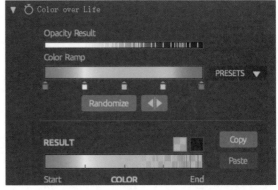

图 6-61

● Physics（Air mode only）：辅助粒子在物理空气组

中单独设置的控件，通过不同的控件可以设置辅助粒子有区别于主要粒子的行为，这可以使动画效果更有趣，同时对画面中的细节部分调节更加灵活。

6.1.8 World Transform

World Transform（世界坐标）是一组将Particular 系统作为一个整体的坐标变换属性。这些控件可以更改整个粒子系统的规模、位置和角度。World Transform 可以在不移动相机的情况下改变相机的角度。换句话说，不需要用 After Effects 相机移动粒子，就可以实现更多有趣的动画效果，如图 6-62 所示。

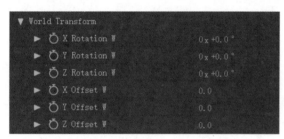

图 6-62

- X/Y/Z Rotationw：旋转整个粒子系统与应用的领域。这些控件的操作方式与 After Effects 中 3D 图层的角度控制类似。X、Y、Z 分别控制 3 个轴向上的旋转变量。
- X/Y/Z Offsetw：重新定位的整个粒子系统。值的范围从 −1000 ~ 1000，但最高可以输入10000000。

6.1.9 Visibility

Visibility（可见性）参数可以有效控制 Particle粒子的景深。Visibility 建立的范围内粒子可见。定义粒子到相机的距离，可以用来设置淡出远处或近处的粒子。这些值的单位是由 After Effects 的相机设置所确定的，如图 6-63 所示。

- Far Vanish：设定远处粒子消失的距离。
- Far Start Fade：设定远处粒子淡出的距离。

- Near Start Fade：设定近处粒子淡出的距离。

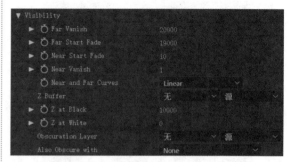

图 6-63

- Near Vanish：设定近处粒子消失的距离。
- Near and Far Curves：设定 Linear（线性）或者 Smooth（平滑型）插值曲线控制粒子淡出。
- Z Buffer：设置 Z 缓冲区。一个 Z 缓冲区中包含每个像素的深度值，其中黑色是距摄像机的最远点；白色像素最接近摄像机；之间的灰度值代表中间距离。
- Z at Black：粒子读取 Z 缓冲区的内容，默认值是10000。
- Z at White：粒子读取 Z 缓冲区的内容，默认情况下，这个值是 0，如果已经计算出 3D 模型，可以使用更加合适的值对应到真实单位。
- Obscuration Layer：Trapcode 粒子适用于 2D 图层和粒子的 3D 世界，其他层的合成不会自动模糊粒子。
- Also Obscure With：控制图层发射器、壁层和地板图层设置昏暗的粒子，确保放置任意图层遮盖粒子图层之下的粒子，默认情况下为 None。

6.1.10 Rendering

Rendering 渲染组控制渲染模式、景深以及粒子的合成输出，如图 6-64 所示。

- Render Mode（渲染模式）：选中 Motion Preview（动态预览），快速显示粒子效果，一般用来预览；Full Render（完整渲染），高质量渲染粒子，但没有景深效果。
- Acceleration：切换 CPU 和 GPU 参与渲染。

图 6-64

● Particle Amount：设置场景中渲染的粒子数量，默认是 100，最高设置为 200，单位为百分比。大值增加场景中的粒子数量；小值减少粒子数量。

● Depth of Field：景深用来模拟真实世界中摄像机的焦点，增强场景的现实感。该版本中的景深可以设置动画，这是一个非常实用的功能。默认情况下 DOF 在 Camera Settings 选项中被打开；选择 Off 选项时 DOF 关闭。

● Depth of Field Type：设置景深类型，默认情况下是 Smooth，此设置只影响 Sprite 和 Textured Polygon。

● Opacity（透明度）：设置渲染的透明度，通常保持默认即可。

● Motion Blur（运动模糊）：当粒子高速运动时，它可以提供一个平滑的外观，类似真正的摄像机捕捉快速移动的物体效果，如图 6-65 所示。

图 6-65

» Motion Blur（运动模糊）：动态模糊可以打开或者关闭，默认是 Comp Setting。如果使用 After Effects 项目中的动态模糊设定，那么，在 After Effects 时间轴上图层的动态模糊开关一定要打开。

» Shutter Angle（快门角度）：控制运动模糊的强度；该值越大，运动模糊效果越强烈。

» Shutter Phase（快门相位）：快门的相位偏移虚拟相机快门打开的时间点。值为 0 表示快门同步到当前帧。负值会导致运动在当前帧之前被记录。正值会导致运动在当前帧之后被记录。要创建运动条纹在当前帧的焦点中，使用快门相位负值等于快门角度。

» Type 设置运动模糊的类型。

□ Linear：此种模式设定在 Shutter（快门）被打开的期间，粒子移动在一条直线上。一般情况下，要比 Subframe Sample 模式中渲染得快，有时候会给人一种生硬的感觉。

□ Subframe Sample：此种模式设定在 Shutter（快门）被打开时，在一些点上采样粒子的位置和角度。通常这种模式下运动模糊都会很平滑，给人感觉很真实，但是渲染时间会增加。

» Levels：动态模糊的级别设置越高，效果越好，但渲染时间也会大幅增加。

» Linear Accuracy：当 Type 选择 Linear 时，该选项被激活。更大的值会导致运动模糊的准确性更高。

» Opacity Boost：当运动模糊激活时，粒子被涂抹。涂抹后粒子会失去原先的强度，变得不那么透明。增加粒子的强度值可以抵消这种损失。该参数值越大，意味着有更多的不透明粒子出现。当粒子模拟火花或者作为灯光发射器的时候是非常有用的。

» Disregard：有时候不是所有的合成都需要运动模糊。Disregard 就提供这样一种功能，某些粒子模拟运动模糊计算时可以忽略不计，如图 6-66 所示。

图 6-66

□ Noting：模拟中没有什么被忽略。

□ Physics Time Factor（PTF）：忽略物理时间因素，选择此模式时，爆炸的运动模糊不受时间的停顿的影响。

□ Camera Motion：在此模式下，相机的动作不参与运动模糊。当快门角度非常大、粒子很长时，也许这种模式最有用。在这种情况下，如果 Camera Motion（相机移动），运动将导致出现大量的模糊，除非将摄像机运动忽略。

□ Camera Motion &（PTF）：无论是相机运动或 PTF，都有助于运动模糊。

6.2 Particular 效果实例

6.2.1 OBJ 序列粒子

Particular 插件这次添加了 OBJ Sequences（OBJ 序列）工具，使用三维软件制作的动画可以导出为一连串的模型文件，在 After Effects 中进行特效和镜头的编辑。Element 3D 等软件支持 OBJ Sequences 的导入，如果使用 Maya 或者 C4D 等三维软件，必须借助插件或脚本对制作好的模型动画进行 OBJ 序列的导出。C4D 使用的是 Plexus OBJ Sequence Exporter 插件。而 Maya 使用脚本导出 OBJ 序列，OBJ Sequences Import/Export 3.0.0 for Maya（maya script）是免费脚本，可以在网上免费下载。以 Maya 为例，将脚本文件直接复制到 X:\Users\USER\Documents\maya\2017\prefs 文件夹中。由于是脚本对于 Maya 的版本并没有太大影响，如图 6-67 所示。

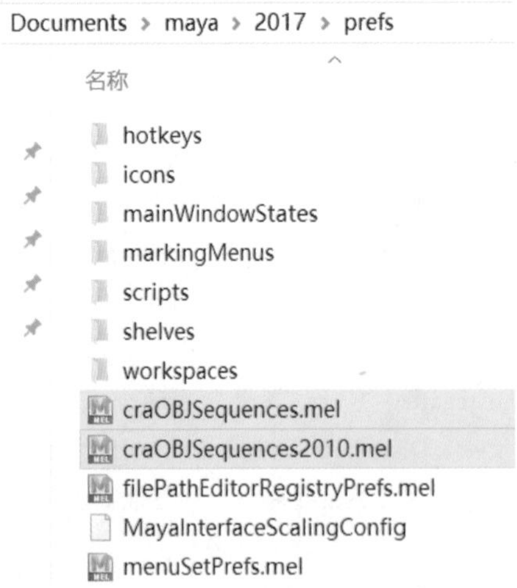

图 6-68

图 6-67

打开 Maya，在 Script Editor 面板中直接输入 craOBJSequences，就可以打开脚本面板。脚本也可以将在别的软件中输出的 OBJ 序列帧导入进来，经过 Maya 的调整再导出。使用方法也很简单，只需要制作好动画后，设置起始帧和结束帧，单击 Export OBJ Sequence 按钮即可，如图 6-68 所示。

系统会自动建立一个文件夹。每一帧动画都会被分解为一个单独的 OBJ 文件，如图 6-69 所示。

图 6-69

01 启动 After Effects CC 2018，建立一个合成，在【项目】面板中将 OBJ 序列导入（为了方便读者学习，本书附赠素材中的"工程文件"中对应章节的工程文件中会有一段输出好的 OBJ 序列）。选中 OBJ 序列的第一帧，勾选下方的【OBJ Files for RG Trapcode 序列】选项，单击【导入】按钮，如图 6-70 所示。

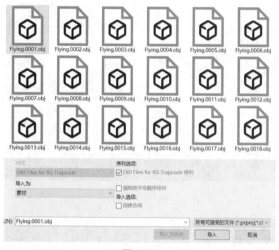

图 6-70

02 此时无法直接预览 OBJ 序列，可以看到该文件有 TRAPCODE 提供的素材预览图。将 OBJ 序列拖入【时间轴】面板，并关闭其左侧的眼睛图标，关闭其显示属性，如图 6-71 所示。

图 6-71

03 建立一个新的纯色图层，执行【效果】→ RG Trapcode → Particular 命令，展开 Emitter（Master）属性，将 Emitter Type 切换为 OBJ Model 模式，如图 6-72 所示。

图 6-72

04 此时下方的 OBJ Emitter 属性被激活，展开属性将 3D Model 切换为导入的 OBJ 序列帧。播放动画发现效果并不明显，但已经可以看到不是从一个点发射的粒子了，如图 6-73 所示。

图 6-73

05 将上面的 Velocity 参数调为 0，以及下面的 Velocity Random[%]、Velocity Distribution 和 Velocity form Motion[%] 3 个参数也调整为 0，让粒子直接出现而不是发射。此时已经可以看到一只鸟的外形了，如图 6-74 和图 6-75 所示。

▶ ⏱ Velocity	0.0
▶ ⏱ Velocity Random [%]	0.0
▶ ⏱ Velocity Distribution	0.0
▶ ⏱ Velocity from Motion [%]	0.0

图 6-74

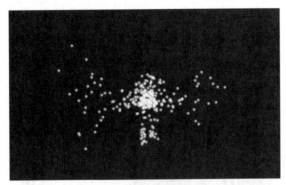

图 6-75

06 将 Particles/sec 调整为 200000，添加更多的粒子，播放动画就可以清晰看到 OBJ 序列所展示出的动画，如图 6-76 所示。

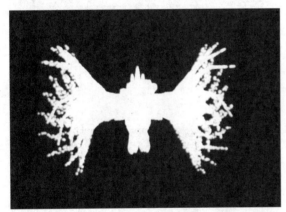

图 6-76

07 但是画面有重影，展开 Particle（Master）属性，修改 Life[sec] 参数为 0.08，让粒子短暂出现马上消失。再次播放动画，可以看到重影消失了，如图 6-77 所示。

图 6-77

08 执行【图层】→【新建】→【摄像机】命令，新建一个摄像机，使用【摄像机工具】调整镜头位置，让飞鸟的外形能完整地展现出来。调整 Size 为 1，将粒子的尺寸变小，如图 6-78 和图 6-79 所示。

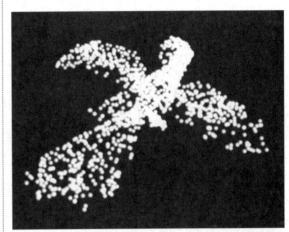

图 6-78

图 6-79

09 将 Opacity over Life 属性下的 Set Color 切换为 Random from Gradient，也就是使用渐变色为粒子着色，再将 Color over Life 属性下的 Color Ramp 属性预设调整为白色到蓝色的渐变，如图 6-80 和图 6-81 所示。

10 删除 Color Ramp 属性上中间的色彩图标，使渐变调整为白色到紫色再到蓝色的渐变，如图 6-82 和图 6-83 所示。

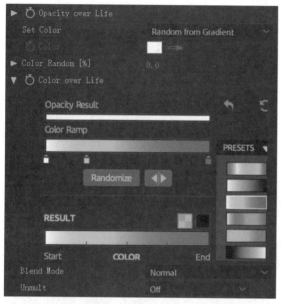

图 6-80

图 6-81

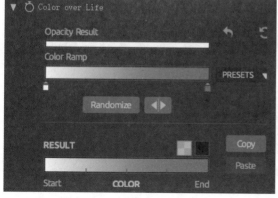

图 6-82

图 6-83

11 下面要建立多重粒子系统，为鸟的外形添加闪动的粒子。单击 Designer... 图标，在面板左下角单击 Master System 右侧的三角图标，在弹出菜单中执行 Duplicate System 命令，如图 6-84 所示。

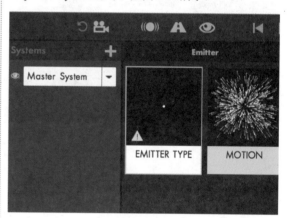

图 6-84

12 此时系统会建立 System 2，也就是和原有例子相同的一套粒子，如图 6-85 所示。

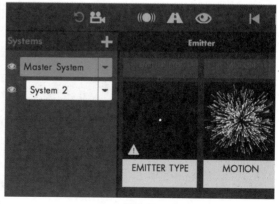

图 6-85

13 单击 Master System 左侧的眼睛图标，关闭 Master System 的显示。单击 Apply 按钮，你会看到画面中没有任何图像。在【效果控件】面板展开 Show System 属性，在这里可以控制每一层 System 的显示，如同 Designer... 面板中一样，如图 6-86 所示。

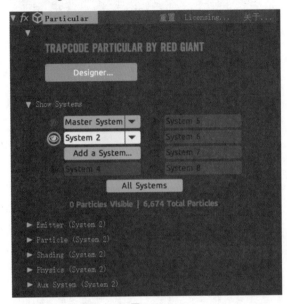

图 6-86

14 将 Particles/sec 调整为 5000，展开 OBJ Emitter S2 属性，将 3D Model S2 切换为导入的 OBJ 序列帧，如图 6-87 所示。

15 展开 Particle（System），调整 Size 为 3，将粒子的尺寸变大。在 Show System 中单击 Master System 左侧的眼睛图标，打开 Master System。可以看到粒子

效果变得丰富了，如图 6-88 所示。

图 6-87

图 6-88

16 我们可以设置摄像机动画已获得更好的角度，同时也可以调整更为复杂的粒子效果添加进动画中，如图 6-89 所示。

图 6-89

6.2.2　粒子拖尾

01 创建一个新的合成，命名为"粒子拖尾"，【预设】为 HDV/HDTV 720 25，【持续时间】为 5 秒，如图 6-90 所示。

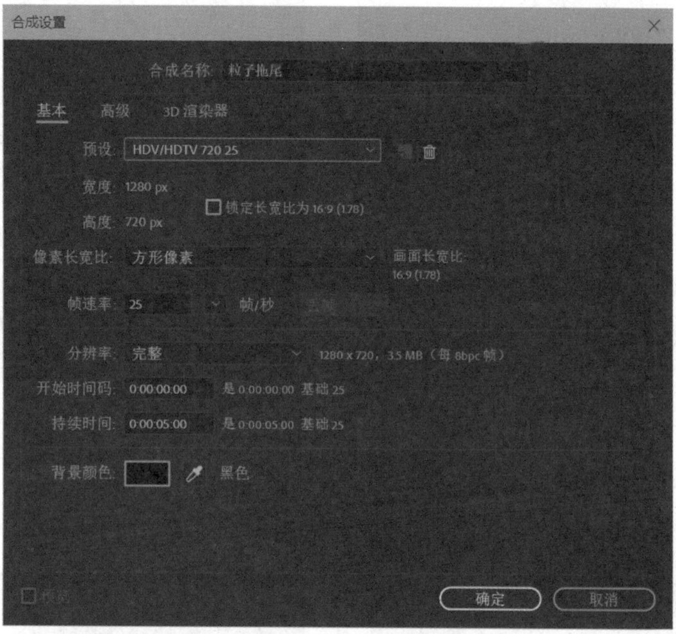

图 6-90

02 建立一个新的纯色图层，执行【效果】→ RG Trapcode → Particular 命令，展开 Emitter（Master）属性，将 Emitter Behavior 切换为 Explode 模式。播放动画，可以看到粒子爆炸出来就不再发射了。使用的是默认爆炸速度，如果觉得粒子的爆炸速度快或者慢，可以调整 Emitter（Master）属性的 Velocity 参数，调整粒子的速度，如图 6-91 所示。

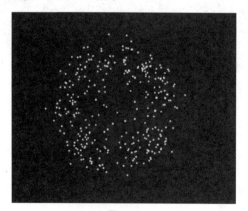

图 6-91

03 展开 Aux System 属性，将 Emit 切换为 Continuously 模式，可以看到粒子添加了拖尾效果，如图 6-92 所示。

图 6-92

04 继续调整 Aux System 属性，将 Particles/sec 参数设置为 50，展开 Opacity over Life 属性，在控制面板单击右侧的 PRESETS 按钮，选择逐渐下降的曲线模式。可以看到粒子的尾部逐渐变得透明，直至消失，如图 6-93 和图 6-94 所示。

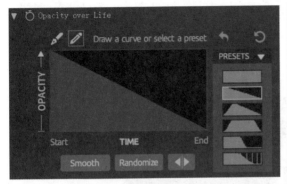

图 6-93

图 6-94

05 此处需要尾部逐渐消失的同时也逐渐变小，展开 Size over Life 属性，在控制面板单击右侧的 PRESETS 按钮，选择逐渐下降的曲线模式。粒子的拖尾变得越来越小，如图 6-95 和图 6-96 所示。

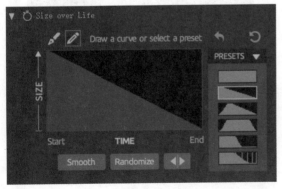

图 6-95

图 6-96

06 拖尾太短，可以通过调整 Life[sec] 参数加长，也就是粒子的寿命变长。将参数调整为 2.5，同时调整 Size 为 2，如图 6-97 所示。

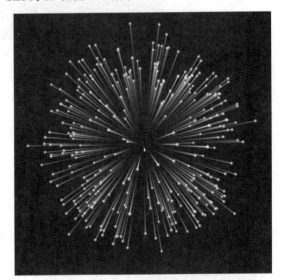

图 6-97

07 下面调整 Physics 属性，展开 Physics 调整 Air → Turbulence Field 属性，Affect Position 参数为 50，可以看到粒子的路径被扰动，如图 6-98 和图 6-99 所示。

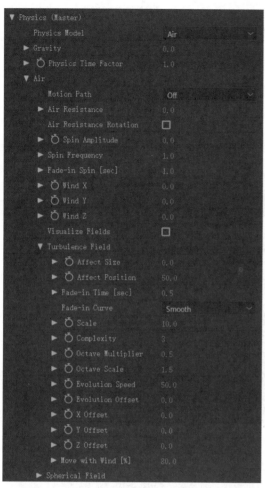

图 6-98

图 6-99

08 下面要在三维空间中观察粒子动画，执行【图层】→【新建】→【摄像机】命令，新建一个摄像机，然后执行【图层】→【新建】→【空对象】命令，【空对象】可以用来控制摄像机，在【时间轴】面板上方右击，在弹出的快捷菜单中执行【列数】→【父级和链接】命令，激活该操作栏，如图 6-100 所示。

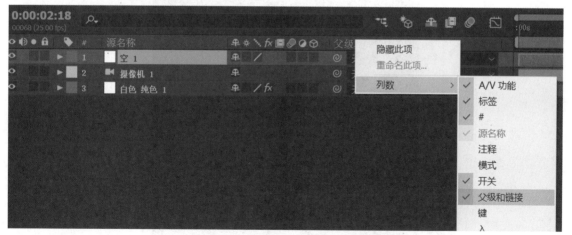

图 6-100

09 选择摄像机图层的【父级和链接】的螺旋线图标，拖至【空 1】图层，建立父子关系，如图 6-101 所示。

图 6-101

10 单击空对象图层的【3D图层】图标◎，设置【Y轴旋转】的关键帧动画，即可看到摄像机围绕粒子旋转的动画了，如图 6-102 所示。

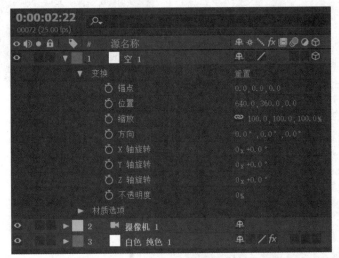

图 6-102

11 下面调整粒子颜色，可以直接修改粒子和拖尾的颜色，也可以添加【效果】→ Video Copilot → VC Color Vibrance 效果，该插件为免费版，主要用来给带有灰度信息的画面添加色彩，如图 6-103 所示。

图 6-103

6.3 Form3.1 效果插件

Trapcode Form 插件是基于网格的 3D 粒子旋转系统，它被用于创建流体、器官模型、复杂的几何图形等。将其他层作为贴图，使用不同参数，可以进行独特设计，如图 6-104 所示。

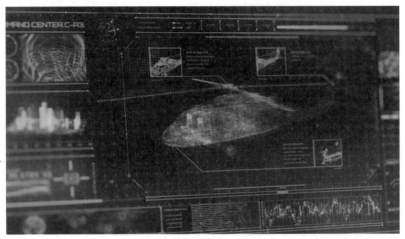

图 6-104

Form 的 Designer...（设计者）和 Show System（显示系统）与 Particular 并没有本质的区别，读者可以参考 Particular 的相关章节。不同于 Particular，Form 在一开始就形成了一个体块用于用户塑造，所以 Form 更偏重于结构体块的塑造，如图 6-105 所示。

图 6-105

6.3.1 Base Form

Base Form 基础网格定义原始粒子网格，被称为"基本形态"，在 Form 中受到图层映射、粒子控制、分形场和所有其他的控制的影响，你可以控制 Base Form（基本形态）在三维空间中的大小、粒子密度、位置和角度，如图 6-106 所示。

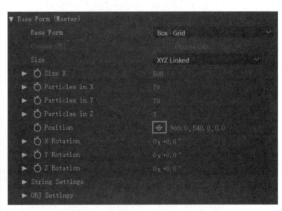

图 6-106

● Base Form：形态基础是一个非常重要的属性，可以设置 Form 的初始状态。通过设置粒子在 Z 轴上面的参数大于 1，所有的基本形态都可以有多个迭代。也就是说，Form 不仅是平面上的粒子系统，它的深度也是可调节的，如图 6-107 所示。

图 6-107

» Box-Grid：网状立方体，默认此状态。

» Box-Strings：串状立方体，横着的粒子串，类似 DNA 状。

» Sphere-Layered：分层球体，圆形粒子，音频反应。

» OBJ Model：OBJ 模式，使用指定的 OBJ 模型文件。

● Size X/Y/Z：设置粒子大小，其中 Size Z 和下面的 Particles in Z 两个参数将一起控制整个网格粒子的密度。

● Particular in X/Y/Z：指在大小设定好的范围内，X、Y、Z 方向上拥有的粒子数量。Particles in X/Y/Z 对 Form 的最终渲染有很大影响，特别是 Particles in Z 的数值。

● Position：网格在图层中的位置。

● X/Y/Z Rotation：影响粒子在整个图层的角度（此处的位置与旋转不影响任何贴图与场）。

● String Settings：当 Base Form 设置为 Box-Strings 时，String Settings 参数被激活。Form 的 String 也是由一个个粒子所组成的，所以，如果把密度（Density）设置低于 10，String 就会变成一个个点，如图 6-108 所示。

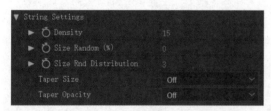

图 6-108

» Density：设置粒子的密度值，一般保持默认值。值越大渲染时间越长，同时一条线上的粒子数量太多，如果粒子之间的叠加方式为 Add（在 Particles 选项中可以设定粒子的叠加方式），那么线条就会变亮。

» Size Random：大小随机值，可以让线条变得粗细不均。

» Size Rnd Distribution：随机分布值，可以让线条粗细效果更为明显，默认设置为 3。

» Taper Size：椎体大小，控制线条从中间向两边逐渐变细，分别有两种变化模式：平滑和线性。默认状态下是关闭的。

  □ Off：不应用任何锥形。

  □ Smooth：提供一个椎体的开始接近 Form 的中心，这使衰减更加渐进。

  □ Linear：生成一个线性衰减模型，使锥度只有靠近 Form 边缘时开始。

» Taper Opacity：椎体不透明度，控制线条从中间向两边逐渐变透明，分别有两种变化模式：平滑和线性，默认状态下是关闭的。

  □ Off：不应用锥形的不透明度。

  □ Smooth：导致两端显得更短和更透明。

  □ Linear：只有锥形的不透明度靠近 Form 的边缘。

● OBJ Settings：当导入 OBJ 模型时，OBJ Settings（OBJ 设置）被启用，这样有助于 Base form 快速加载 OBJ 模型。在 Base form 对话框可以导入 OBJ 模型或者 OBJ 序列。导入一个静态或动态的 OBJ 模型，Form 可以自动转换它的顶点为粒子，快速开始一个复杂的动画。Form 具有内置功能支持 3D 对象，像 Shading（着色）组、图层映射、世界变换和运动模糊。Form 很好地集成了 After Effects 的 3D 环境处理的功能，例如 3D 灯光、3D 摄像机和正交视图查看等。Form 不支持负指数中的 OBJ 文件。指数用来参考 OBJ 文件中的顶点数，如图 6-109 所示。

图 6-109

» 3D Model：用于选择 3D 模型作为基础形。

» Refresh：重新加载模型。当第一次加载一个 OBJ 时，缓存动画然后使用这些信息。一旦 OBJ 缓存完成，如果 OBJ 中有任何变化，你不会在动画中看到这些变化。如果想重新缓存动画，单击【Refresh】按钮刷新你的 OBJ 模型。

» Particles From：选择发射类型，如图 6-110 所示。

图 6-110

　□ Vertices：使用模型上的点作为基础形。

　□ Edges：使用模型上的边作为基础形。

　□ Faces：使用模型上的面作为基础形。

　□ Volume：使用模型体积作为基础形。

● Normalize：确定发射器的缩放与移动的标准（以第一帧为主），定义其边界框。

● Invert Z：Z 轴方向反转模型。

● Sequence Speed：OBJ 序列帧的速度。

● Sequence Offset：OBJ 序列帧的偏移值。

● OBJ Sequence Control：控制 OBJ 序列帧为 Loop 循环，还是 Once 一次性播放。

6.3.2　Particle

Particle 包含了在 3D 空间中粒子外观的所有基本设置，控制包括粒子的大小、透明度、颜色以及这些属性如何随时间而变化，如图 6-111 所示。

● Particle Type：粒子类型，如图 6-112 所示。

» Sphere：球形粒子，一种基本粒子的图形，也是默认值，可以设置粒子的羽化值。

» Glow Sphere（No DOF）：发光球形，除了可以设置粒子的羽化值，还可以设置辉光度。

» Star（No DOF）：星形粒子，可以设置旋转值和辉光度。

» Cloudlet：云层形可以设置羽化值。

» Streaklet：长时间曝光，大点被小点包围的光绘效果。利用 Streaklet 可以创建一些真正有趣的动画。

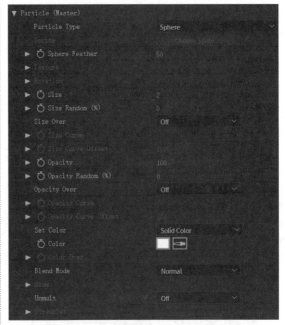

图 6-111

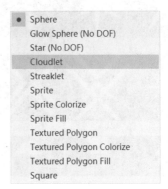

图 6-112

» Sprite/Sprite Colorize/Sprite Fill：Sprite 粒子是一个加载到 Form 中的自定义层。需要为 Sprite 选择一个自定义图层或贴图。图层可以是静止的图片也可以是一段动画。Sprite 总是沿着摄像机定位的，在某些情况下这是非常有用的。在其他情况下，不需要图层定位摄像机，只需要它的运动方式像普通的 3D 图层。这时候可以在 Textured、Polygon 类型中进行选择。Colorize 是一种使用亮度值彩色粒子的着色模式；Fill 是只填补 Alpha 粒子颜色的着色模式。

» Textured Polygon/Textured Polygon Colorize/

Textured Polygon Fill：Textured Polygon 粒 子是一个加载到 Form 中的自定义层。Textured Polygons 是有自己独立的 3D 旋转和空间的对象。Textured Polygons 不定位 After Effects 的 3D 摄像机，而是可以看到来自不同方向的粒子，能够观察到在旋转中的厚度变化；Textured Polygon 控制所有轴向上的旋转和旋转速度。Colorize 是一种使用亮度值彩色粒子的着色模式；Fill 是只填补 Alpha 粒子颜色的着色模式。

» Square：方形粒子。

● Sprite（精灵）：Sprite 类型被选中该选项被激活，可以指定粒子图案，如图 6-113 所示。

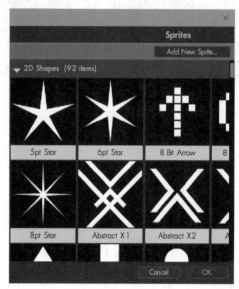

图 6-113

● Sphere Feather（羽化）：控制粒子的羽化程度和透明度的变化，默认值为 50。

● Texture：控制自定义图案或者纹理（只有 Particular Type 选择 Sprite 或者 Textured 类型时该命令栏被激活），如图 6-114 所示。

图 6-114

» Layer（图层）：选择作为粒子的图层。

» Time Sampling（时间采样）：时间采样模式设定 Form 把贴图图层的哪一帧作为粒子形态，如图 6-115 所示。

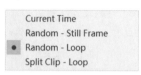

图 6-115

» Random Seed：随机值，默认设置为 1，不改变粒子位置被随机采样的帧。

» Number of Clips：剪辑数量，该数值决定以何种形式参与粒子形状循环变化。Time Sampling 选择为 Split Clip 类型的模式时，Number of Clips 参数有效。

» Subframe Sampling：子帧采集允许样本帧在来自自定义粒子的两帧之间。在 Time Sampling（时间采样）选择 Still Frame 时被激活。当开启运动模糊时，该参数的作用效果更加明显。

● Rotation（旋转）：决定产生粒子在出生时刻的角度，可以设置关键帧动画。

» Rotation X/Y/Z：粒子绕 X、Y 和 Z 轴旋转。这些参数是主要用于 Textured Polygon。X、Y 轴在启用 Textured Polygon 时可用；Z 轴在启用 Textured Polygon、Sprite 和 Star 时可用。

» Random Rotation（旋转随机值）：设置粒子旋转的随机性。

» Rotation Speed X/Y/Z：设置 X、Y 和 Z 轴上的粒子旋转速度。X、Y 轴在启用 Textured Polygon 时可用；Z 轴在启用 Textured Polygon、Sprite 和 Star 时可用。Rotation Speed 可以让粒子随时间转动，这个数值表示每秒旋转的圈数。没有必要将值设置得太大，设置为 1，表示每个粒子每秒旋转一周；设置为 −1，表示相反方向旋转一周。通常设置为 0.1，默认设置为 0。

» Random Speed Rotate：设置粒子的旋转速度随机性。有些粒子旋转得更快，有些粒子旋转得慢一些，这对于一个看上去更自然的动画是很有用的。

» Random Speed Distribution：启用微调旋转速度的随机速度。0.5 的默认值是正常的分布，将参数设置为 1 时，均匀分布。

● Size：设置标准粒子类型和自定义粒子类型的尺寸，以"像素"为单位。较大的值创建较大的粒子和更高密度的 Form。

● Size Random（%）：设置尺寸的随机性，以百分比衡量。较大的值意味着粒子的随机性较高，粒子的大小有更多的变化。

● Size Over：设置粒子控制的方式（切换到 Radial 模式，下两个属性被激活）。

● Size Curve：使用曲线控制尺寸。

● Size Curve Offset：设置控制曲线的偏移值。

● Opacity：设置粒子的不透明度。大值给粒子更高的透明度，值为 100 时粒子完全不透明；小值给粒子更低的透明度，值为 0 时粒子完全透明。

● Opacity Random（%）：设置粒子不透明度的随机性。

● Opacity Over：设置不透明度结束的方式（切换到 Radial 模式，下两个属性被激活）。

● Opacity Curve：使用曲线控制不透明度。

● Opacity Curve Offset：设置控制曲线的偏移值。

● Set Color：设置粒子的颜色（可以使用纯色或者渐变色设置），如图 6-116 所示。

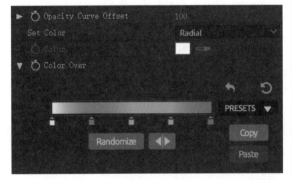

图 6-116

● Blend Mode：转换模式控制粒子融合在一起的方式，这很像 After Effects 中的混合模式，除了个别粒子在三维空间层，如图 6-117 所示。

图 6-117

» Normal：合成的正常模式，不透明的粒子会阻止身后的粒子沿 Z 轴移动。

» Add：粒子叠加在一起。粒子看起来会比之前更亮，并且叠加中无视深度值，有助于灯光效果和火焰效果。

» Screen：粒子筛选在一起。Screen 结果往往比正常的模式下更明亮，并且无视深度信息，有助于灯光效果和火焰效果。

» Lighten：Lighten 颜色效果与 Add 和 Screen 不同。Lighten 意味着按顺序沿着 Z 轴被融合，但仅仅只有像素比之前模式下更明亮。

● Glow：辉光组增加了粒子光晕，当 Particle Type 是 Glow 或者 Star 时，该命令组被激活，如图 6-118 所示。

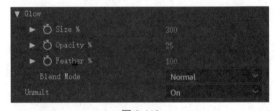

图 6-118

» Size%：设置 Glow（辉光）的大小。较小的值添加微弱的辉光。较大的值将明亮的辉光赋予粒子。

» Opacity%：设置辉光的不透明度。较小的值添加透明的辉光。较大的值赋予粒子的辉光更实在。

» Feather%：设置辉光的柔度。较小的值添加一个球和固体的边缘。较大的值赋予粒子羽化的柔和边缘。

» Blend Mode：转换模式，控制粒子以何种方式融合在一起，如图 6-119 所示。

图 6-119

□ Normal：正常的融合模式。

□ Add：粒子被叠加在一起，这是非常有用的灯光效果和火焰效果，也是经常使用的效果。

□ Screen：粒子经过筛选在一起。有助于灯光效果和火焰效果。

● Streaklet：设置一种被称为 Streaklet 的新粒子的属性，当 Particle Type 是 Streaklet 时处于激活状态。

6.3.3 Shading

Shading（着色处理）在粒子场景中添加特殊的效果阴影。通过系统或者 Trapcode Lux 设置合成灯光创建阴影。Form 最多支持 128 个 Spot Light（聚光灯）、128 个 Point Light（点光源）和无限制的 Ambient Lights（环境灯）。Shading（阴影）需要一个系统灯光或者 Lux 灯光在时间线上。创建灯光后，Form 能添加特定效果的阴影。这些粒子在灯光下被照亮。系统灯光创建的效果与 Lux 创建的效果类似，Lux 灯光的灵活性更好，一般建议使用 Lux 灯光匹配 Form 使用，如图 6-120 所示。

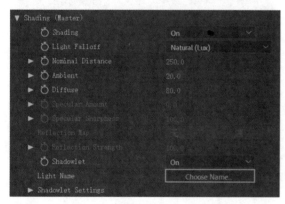

图 6-120

● Shading：在默认情况下，Shading 控件组是关闭的。可以将 Shading 设置为 On，激活下面的参数；如果时间线上没有灯光，当第一次打开 Shading 控件时，粒子看似消失了。Shading 控件组需要匹配系统或者 Lux 灯光才能正常使用，可以测试 Shading 效果；添加两个点光源或者聚光灯，旋转一个光沿着粒子和远离粒子的方向，保持至少一个灯光

是白色的。这是一个很好的方式，观察 Shading 部分的细节。另外，还可以通过对灯光部分属性的调整，实现对 Shading 的控制，例如灯光颜色、强度等。

● Light Falloff：灯光图层属性设置它的光线强度。Light Falloff（灯光衰减）使光线强度衰减远离光线的粒子，不受 Shading 影响。基本上，衰减控制光线强度，衰减支持聚光灯和点光源。

» None（AE）：所有的粒子有相同数量的 Shading，无论粒子与光的距离。这些在某些情况下很有用。例如，如果其他的 3D 图层在合成中也由同一灯照亮。系统使用 Shading Model（着色模式）点光源不会受到减弱影响，不使用 3D 图层距离的平方。可以切换到不兼容的选项。

» Natural（Lux）：默认设置。让光的强度与距离的平方减弱，从而使粒子进一步远离光源，这会显得更暗。这个自然的灯光变暗效果是符合物理规律的，同时这也是 Trapcode Lux 插件为我们提供的模拟现实世界的光照效果。

● Nominal Distance：定义距离，以像素为单位，光由其原有的强度和光衰减开始，当选中 Light Falloff 的 Natural（Lux）时该参数被激活。例如，如果将光线强度设置在 100%，Nominal Distance 设置为 250，这意味着在距离 250 像素时光线强度将达到 100%；距离更远处的光线强度更低，距离更近处的光线强度更高。

● Ambient：定义粒子将反射多少环境光，环境光是背景光，它辐射在各个方向，到处都是，且对被照射到的物体和物体阴影均有影响。

● Diffuse：定义粒子反射的传播方式。这意味着粒子反射在每一个方向，无论你正在查看哪个方向的粒子。这不会捆绑任何特定的粒子光源类型，但是会影响合成中的所有灯光，默认值为 80，较大的值使灯光更亮，较小的值使灯光变暗。亚光物体表面通常由大量的漫反射构成。

● Specular Amount：模拟金属质感或光泽外观的粒子效果。当 Sprite 和 Textured Polygon 粒子类型被选中时，激活此参数。Specular（镜面反射）定义粒子在确定的一个方向上反射多少。例如，像塑

料或金属等具有光泽表面的物质都有高光，较大的值使物体表面更有光泽，较小的值使物体表面光泽较少。有时可能需要较小的漫反射值来允许微光通过，Specular Amount 对粒子角度非常敏感。

● Specular Sharpness：定义尖锐的镜面反射。当 Sprite 和 Textured Polygon 粒子类型被选中时，激活此参数。例如，玻璃的高光区域非常尖锐，但塑料不会有很尖锐的高光。Specular Sharpness 还可以降低 Specular Amount 的敏感度，使它对粒子角度不那么敏感。较大的值使它更敏感，较小的值使它不太敏感。

● Reflection Map：镜像环境中的粒子体积。当 Sprite 和 Textured Polygon 粒子类型被选中时，激活此参数。默认为关闭，创建映射，在时间轴上选择一个图层。反射环境中的大量粒子对场景有很大的影响。如果你可以在场景中创建环境映射，那么粒子将会融合得很好。

● Reflection Strength：定义反射映射的强度。当 Sprite 和 Textured Polygon 粒子类型被选中时，激活此参数。因为反射、映射能结合来自合成灯光中的常规 Shading，反射强度对于调整观察是有用的。默认值为 100，默认状态下关闭。较小的值记录反射映射的强度和混合来自场景中的 Shading。

● Shadowlet：在主系统中启用投影作为粒子。默认情况下设置为 Off，切换到 On，即可激活下面参数。

● Light Name：直接选择灯光。

● Shadowlet Settings：该控件提供一个柔软的自阴影粒子体积。Shadowlets 创建一个关闭的主灯的阴影，可以把它想象成一个体积投影，圆锥阴影从光线的角度模拟每个被创建粒子的阴影，如图 6-121 所示。

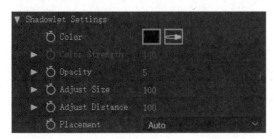

图 6-121

» Color：控制 Shadowlet 阴影的颜色，可以选择一种颜色使 Shadowlet 的阴影看上去更加真实。通常使用较深的颜色，例如黑色或褐色，对应场景的暗部。如果有彩色的背景图层或者场景有明显的色调，一般默认的黑色阴影看上去就显得不真实，需要调整。

» Color Strength：控制 RGB 颜色强度，对粒子的颜色加权计算 Shadowlet 阴影，设置 Shadowlet 颜色如何与原粒子的颜色相混合。默认情况下，使全覆盖设置值为 100，较小的值使较少的颜色混合。

» Opacity：设置不透明度的 Shadowlet 阴影，控制阴影的强度，默认值为 5。不透明度通常有较低的设置，介于 1 到 10 之间。你可以增加抖动的阴影不透明度值，在某些情况下设置较高的值是可行的，例如，粒子分散程度很高。但是在大多数情况下，粒子和阴影将会显得相当密集，所以应该使用较小的值。

» Adjust Size：影响 Shadowlet 阴影的大小。默认值为 100，较大的值创建的阴影较大，较小的值创建一个较小的阴影。

» Adjust Distance：从阴影灯光的方向调整 Shadowlet 的距离。默认设置为 100，较小的值将 Shadowlet 更接近灯光，因此投下的阴影更强烈。较大的值使 Shadowlet 远离灯光，因此投下的阴影较微弱。

» Placement：控制 Shadowlet 在 3D 空间中的位置。

□ Auto：默认设置。自动让 Form 决定最佳定位。

□ Project：Shadowlet 深度的位置取决于 Shadowlet 的灯光位置。

□ Always behind：Shadowlet 后面粒子的位置。此设置是非常有用的，如果是 Auto（自动），设置造成不必要的闪烁。

□ Always in front：Shadowlet 前面粒子的位置。这个设置也是有用的，如果是 Auto（自动），设置造成不必要的闪烁。由于阴影始终在前面，它可以给粒子一种有趣的深度感。

6.3.4 Layer Maps

Layer Maps（图层贴图）可以使用同一合成项目中其他图层的像素来控制 Form 粒子的一系列参数。图层贴图共有 6 种，分别是 Color and Alpha、Displacement、Size、Fractal Strength、Disperse 以及 Rotate。在每种图层贴图下都有一个共同的参数 Map Over，如图 6-122 所示。

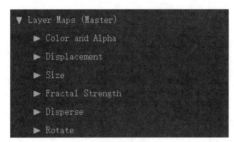

图 6-122

● Color and Alpha：用贴图影响粒子颜色以及 Alpha 通道，如图 6-123 所示。

图 6-123

» Layer：选择图层作为映射层。

» Functionality：共有 4 个选项。

　　□ RGB to RGB：仅替换粒子颜色。

　　□ RGBA to RGBA：用贴图颜色替换粒子颜色，而贴图的 A 通道则替换为粒子的透明度。

　　□ A to A：仅替换粒子的透明度。

　　□ Lightness to A：用贴图的亮度替换粒子的透明度。

» Map Over：所有的 Layer Maps（图层映射）有一个 Map Over（映射在）菜单。为了得到正确的映射结果，务必确保映射平面上有适当的粒子在渲染图像。例如，想要映射在 XZ 平面上，确保有一个指定的粒子网格通过设置 Particle → Particle in X 和 Particle in Z 的值不小

于 30。

　　□ Off：贴图不起作用。

　　□ XY/XZ/YZ：分别对应粒子的 3 个坐标平面。

　　□ XY，Time=Z：把贴图转化为粒子在 XY 平面内显示的图像，而贴图如果设置了动画，则把动画参数转化为粒子在 Z 轴方向的变化。

　　□ XY，Time=Z+time：与 XY，Time=Z 类似，只不过最终粒子以动画方式显示。在使用图层贴图时，应当注意粒子在 XYZ 空间中的数量，数量太少，有时效果不明显。

　　□ UV（OBJ only）：使用三维模型的 UV 信息控制映射。

» Time Span [Set]：时间跨度，控制的动画会影响 Z 空间的平面的点。这个控件在 Map Over 中选择 XY，time=Z 或 XY，time=Z+time 时被激活。

» Invert Map：翻转映射，勾选后可将映射层翻转。

● Displacement：置换贴图使用贴图的亮度信息影响粒子在 XYZ 轴方向上的位置。如果亮度值为中性灰（128, 128, 128）则没有置换，如果低于中性灰，则粒子的位置远离摄像机，如果高于中性灰，则粒子离摄像机更近，如图 6-124 所示。

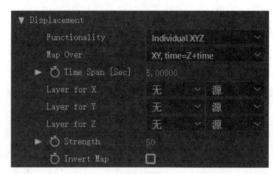

图 6-124

» Functionality：设置贴图置换 X、Y、Z 三个轴或者单独设定每个轴。

　　□ RGB to XYZ：将 RGB 通道映射到 X、Y、Z 轴上。

　　□ Individual XYZ：每个轴为 X、Y 和 Z 控制图层与不同来源指定图层源。

» Map Over：映射到（请参考前面相同内容）。

» Time Span[Sec]：时间跨度（请参考前面相同内容）。

» Layer for X/Y/Z：弹出窗口设置位移图层映射到 X、Y 和 Z 平面。此菜单由 RGB to XYZ 选项启用。

» Strength：设置强度值，以渐变图层灰度值（RGB）128 为界，大于 128 是正方向移动，小于 128 是负方向移动。灰度值是亮度的概念，0 为黑色，255 为白色，依据颜色深浅范围为 0 ～ 255（一定介于 0 ～ 255）。

» Invert Map：勾选此选项，可反转映射。

● Size：贴图可以使用其他图层的亮度值影响粒子大小，黑色则粒子大小为 0，白色则粒子大小为 Particle 选项中设置的大小，如图 6-125 所示。

图 6-125

» Layer：选择图层作为映射层。

» Map Over：映射到（参考前面相同内容）。

» Time Span[Sec]：时间跨度(参考前面相同内容)。

» Invert Map：反转映射（参考前面相同内容）。

● Fractal Strength：可以使用其他图层的亮度值控制粒子受噪波影响的范围，黑色则粒子不受噪波的影响，而白色则相反，灰色则介于两者之间，如图 6-126 所示。

图 6-126

» Layer：选择图层作为映射层。

» Map Over：映射到（参考前面相同内容）。

» Time Span[Sec]：时间跨度(参考前面相同内容)。

» Invert Map：反转映射（参考前面相同内容）。

● Disperse：与 Fractal Strength 类似，它通常与下面的发散和扭曲（Disperse 和 Twist）部分一起来影响粒子的变化，如图 6-127 所示。

图 6-127

» Layer：选择图层作为映射层。

» Map Over：映射到（参考前面相同内容）。

» Time Span[Sec]：时间跨度(参考前面相同内容)。

» Invert Map：反转映射（参考前面相同内容）。

● Rotate：旋转组可以指定源图层亮度值定义的粒子在何种程度上旋转。颜色浅的区域（或亮度）旋转会受到影响，而较暗的部分受到的影响较小，黑色部分将不会受到影响。默认情况下，白色部分会旋转 180°，如图 6-128 所示。

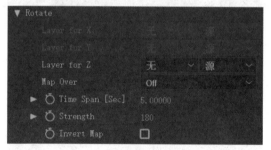

图 6-128

» Layer for X/Y/Z：设置图层映射为确定的平面，层数为 Y 设置源到 Y 平面上，依此类推。

» Map Over：映射到（参考前面相同内容）。

» Time Span[Sec]：时间跨度(参考前面相同内容)。

» Strength：强度值设置（参考前面相同内容）。

» Invert Map：反转映射（参考前面相同内容）。

6.3.5　Audio React

Audio React（音频驱动）设置，可以实现音频的可视化，Form 通过这一部分，提取音频中声音的响度信息，转化成关键帧信息来驱动粒子的其他属性，如图 6-129 所示。

图 6-129

- Audio Layer：选择图层作为音频驱动图层。注意在 Windows 平台上，音频文件最好选择 44kHz，16bit 采样的 WAV 文件，相对于 MP3 等其他音频格式的文件，这种文件的运算速度最快。
- Reactor 1：反应器设置，如图 6-130 所示。

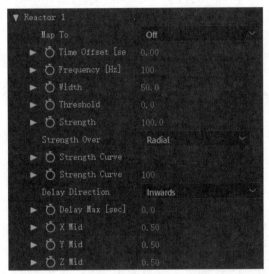

图 6-130

  » Time Offset[sec]：时间偏移，在那个位置提取音频数据，默认为开始位置。
  » Frequency[Hz]：频率，提取（采样）音频频率是 100 的部分（50 ~ 500Hz 为低音，500 ~ 5000Hz 为中间音，5000Hz 以上为高音部分）。
  » Width：宽度，以频率为 100 宽度为 50 的数据提取（采样）出来，Width（宽度）和 Frequency 一起确定提取音乐的范围。

  » Threshold：阈值，可以有效去除声音中的噪声。
  » Strength：指音乐驱动其他参数的强度，影响粒子反应（强度越大，粒子反应越大，反之则小）。
  » Strength Over：强度控制方式。
  » Strength Curve：使用曲线控制强度。
  » Strength Curve：设置控制曲线的值。
  » Delay Direction：延迟方向，控制音频可视化效果，包括从左到右、从右到左、从上到下、从下到上等。
  » Delay Max[sec]：最大延迟，控制音乐可视化效果的停留最大时间。
  » X/Y/Z Mid：当 Delay Direction 为 Outwards 或者 Inwards 时，控制音乐可视化效果开始或者结束的位置。
- Reactor 2/3/4/5：其他反应器设置。

6.3.6 Disperse and Twist

Disperse and Twist 控制 Form 在三维空间的发散和扭曲，如图 6-131 所示。

图 6-131

- Disperse：控制粒子分散位置的最大随机值。值越大，分散程度越高。
- Disperse Strength：分散的强度。
- Twist：扭曲控制粒子网格在 X 轴上的弯曲。值越大，更高的转数在 X 轴。分散控制在 Disperse Layer Map 应用上的最大分散。

6.3.7 Fractal Field

Fractal Field（分形噪波）是一个四维的 Perlin 噪声分形，在 X、Y、Z 方向上随着时间的推移产生的噪声贴图。Fractal Field 的值可以影响粒子的大小、位移或不透明度。分形场用于创建流动的、有结构的、燃烧的运动粒子栅格，如图 6-132 所示。

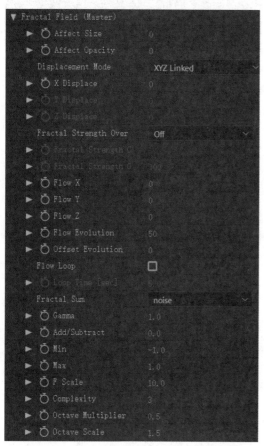

图 6-132

- Affect Size：定义在多大程度上的分形噪声映射将影响粒子的大小。该值越大，生成的粒子尺寸越大。
- Affect Opacity：定义在多大程度上的分形影响颗粒的不透明度。
- Displacement Mode：位移模式，噪波作为置换贴图影响粒子的方式，可以同时控制 X、Y、Z 三个轴，也可以单独控制每个轴。
  » XYZ Linked：应用于所有维度相同的位移。
  » XYZ Individual：在 X、Y 和 Z 轴上分别应用位移。
  » Radial：径向位移被应用在 Form 上。
- X Displace/Y Displace/Z Displace：定义了 X、Y、Z 三个方向的位移量，当 X/Y/Z Linked 或 Radial 模式被激活时，有一个单一的位移控制所有方向。当 XYZ Individual 被激活时，也有单独控制每个

方向的位移。值越大，位移越大。如果位移设置为 0，在所有方向上没有位移发生。
- Fractal Strength Over：使用曲线控制强度（参考前面相同内容）。
- Flow X/Y/Z：流动，控制每个方向的运动速度，如分形场通过粒子网格移动。
- Flow Evolution：流动演变，X、Y、Z 之外的控制噪波运动的第 4 个参数，它是一种随机值，只要数值大于 0，噪波就可以运动。
- Offset Evolution：偏移演变，改变此数值可以产生不同的噪波。
- Flow Loop：循环流动，勾选此选项，Form 会实现噪波的无缝循环。
- Loop Time[sec]：循环时间，噪波循环的时间间隔（5 就是每 5 秒循环一次）。假设设定此数值为 5，开始帧和第 5 秒的那一帧是相同的，那么在循环时，应该设置从 0 到 4∶25 帧之间循环。
- Fractal Sum：分形和，可以设定两种不同运算方法得到的 Perlin 噪波，相比较而言，Noise 模式更为平滑，Abs（noise）则显得尖锐一些。
- Gamma：调整伽玛的分形值，较小的值导致在贴图的亮部和暗部之间的位置有较大的对比度。在分形图中较大的值会导致平滑区域对比度较低。
- Add/Subtract：叠加／减去，偏移的分形值向上或向下。该参数用于分形映射在三维空间中的变形影响较小。可以让噪波显得更亮或更暗，这一点在减少噪波的反射时特别有用。
- Min：设定噪波的最小值。
- Max：设定噪波的最大值。
- F Scale：F 比例，控制噪波的大小变化，数值小，噪波越平滑，数值大，则噪波的细节更多。
- Complexity：复杂度，噪波的复杂程度。
- Octave Multiplier：八度增加，控制噪波的细节。
- Octave Scale：八度比例，控制噪波细节的精细强度。

6.3.8　Spherical Field

Spherical Field（球形场），球形场可以在粒子的中间形成一个球形空间，这样用户可以在粒子

中间放置其他图形。值得注意的是，用户可以定义两个球形场，但两个场之间是有先后顺序的，如图6-133所示。

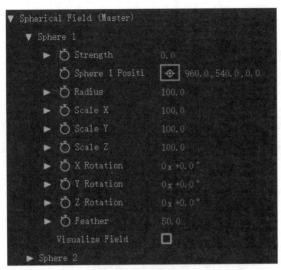

图 6-133

- Sphere 1：球形参数设置。
  - » Strength：数值为正值，则球形场会将粒子往外推，而负值则会往里吸。
  - » Sphere 1 Position XY：用来定义球形场在 XY 轴的位置。
  - » Sphere 1 Position Z：用来定义球形场在 Z 轴的位置。
  - » Radius：用来定义球形场的半径。
  - » Scale X/Y/Z：用来定义球形场 X、Y、Z 轴的缩放。
  - » X/Y/Z Rotation：用来定义球形场 X、Y、Z 轴的旋转角度。
  - » Feather：用来定义球形场的羽化值。
  - » Visualize Field：勾选 Visualize Field 复选框，则在图中显示场，Strength 数值为正值，则显示为红色，Strength 数值为负值，则显示为蓝色。
- Sphere 2：球形参数设置。

6.3.9　Kaleidospace

Kaleidospace（卡莱多空间）可以在 3D 空间复制粒子，如图 6-134 所示。

图 6-134

- Mirror Mode：镜像复制模式，可以选择水平方向（Horizontal）、垂直方向（Vertical）或者两个方向上都进行复制，如图 6-135 所示。

图 6-135

- Behaviour：控制复制的方法，有两个选项，Mirror and remove 和 Mirror everything，如图 6-136 所示。

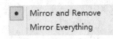

图 6-136

  - » Mirror and Remove：工作方式与普通的 kaleidospace 类似，一半的图像是镜像的，另一半是不可见的（因为它取代了反射）。
  - » Mirror Everything：镜像所有的粒子。
- Center XY：设定对称中心与 XY 坐标。

6.3.10　Transform

Transform 将 Form 系统作为一个整体的变换属性。这些控件可以更改整个粒子系统的规模、位置和角度。World Transform 在不移动相机的情况下改变相机角度。换句话说，不需要用 After Effects 相机移动粒子，就可以实现更多有趣的动画效果，如图 6-137 所示。

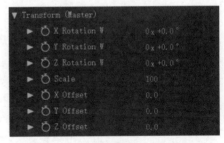

图 6-137

● X/Y/Z Rotation W：旋转整个 Form 粒子系统与应
　用的领域。这些控件的操作方式与 After Effects 中
　3D 图层的角度控制类似。X、Y、Z 分别控制三个
　轴向上的旋转变量。

● Scale：调整 *XYZ* 空间在整个 Form 的大小，较大
　的值，使 Form 更大。

● X/Y/Z Offset：重新定位整个 Form 粒子系统。沿
　每个轴向输入像素偏移量。一般值的范围从 −1000
　至 1000，最高可以输入 10000000。

6.3.11　Visibility

　Visibility（可见性）参数可以有效控制 Form
粒子的景深。Visibility 建立的范围内粒子是可见的。
定义粒子到相机的距离，它可以用来淡出远处或近
处的粒子。这些值的单位是由 After Effects 的相机
设置所确定的，如图 6-138 所示。

图 6-138

● Far Vanish：设定远处粒子消失的距离。

● Far Start Fade：设定远处粒子淡出的距离。

● Near Start Fade：设定近处粒子淡出的距离。

● Near Vanish：设定近处粒子消失的距离。

● Near and Far Curves：设定 Linear（线性）或者
　Smooth（平滑型）插值曲线控制粒子淡出。

6.3.12　Rendering

　Rendering 控制粒子渲染方式，如图 6-139
所示。

图 6-139

● Render Mode：渲染模式决定 Form 最终的渲染质
　量，如图 6-140 所示。

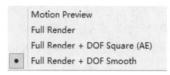

图 6-140

» Motion Preview：动态预览。快速显示粒子效果，
　一般用来预览。

» Full Render：完整渲染。高质量渲染粒子，但没
　有景深效果。

» Full Render+DOF Square（AE）：完整渲染 +
　DOF 平方（AE）。高质量渲染粒子，采用和系
　统一样的景深设置。速度快，但景深效果一般。

» Full Render+DOF Smooth：完整渲染 +DOF 平滑。
　高质量渲染粒子，对于粒子景深效果采用类似
　于高斯模糊的算法，效果更好，但渲染时间长。

● Acceleration：切换 CPU 和 GPU 参与渲染。

● Opacity：设置整个粒子的透明度。

● Motion Blur：为了使粒子更为真实，Form 设置了
　此选项。Motion Blur 允许添加运动模糊的粒子。
　当粒子高速运动时，它可以提供一个平滑的外观，
　类似真正的摄像机捕捉快速移动的物体的效果，
　如图 6-141 所示。

图 6-141

» Motion Blur：动态模糊可以打开或者关闭，默
　认是 Comp Setting。如果使用 After Effects 项目
　中的动态模糊设定，那么在时间线上，图层的
　动态模糊开关一定要打开。

» Shutter Angle（快门角度）：激活运动模糊选项。
　快门角度设置虚拟相机快门保持打开的时间，
　从而控制"条纹长度"或"模糊长度"的颗粒。
　值为 0 表示无运动模糊。较小的值设置短的条纹。

221

默认值为180，模拟一个半秒运动信息被记录在胶片上。大值设定一个较长的粒子条纹。值为720（最大），可以模拟出2秒的模糊效果。

» Shutter Phase（快门相位）：激活运动模糊选项。快门的相位偏移模拟相机快门打开的时间点。值为0，表示快门同步到当前帧。负值会导致运动在当前帧之前发生。正值会导致运动在当前帧之后发生。要得到运动条纹在当前帧的焦点中，可以设置快门相位负值等于快门角度。

» Levels：动态模糊的级别设置越高，效果越好，但渲染时间也会大幅增加。

6.4　Form 效果实例

下面通过一个实例来详细学习 Form 效果的基本操作。

01 使用 Trapcode 套件中的 Form 效果来模拟火焰效果。首先，创建一个新的合成，命名为 FORM LOGO，【预设】为 HDV/HDTV 720 25，【持续时间】为5秒，如图 6-142 所示。

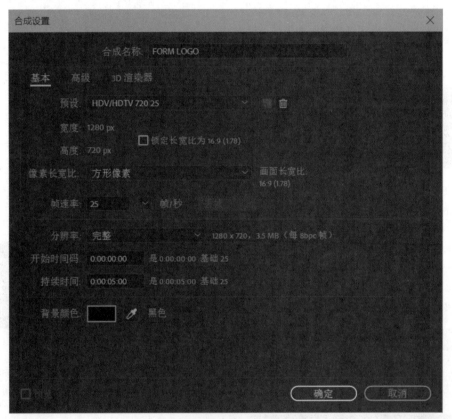

图 6-142

02 导入本书附赠素材的"工程文件"中对应章节的 LOGO 素材文件，从【项目】面板拖至【时间轴】面板。缩放为50%，调整到合适的位置。选中 LOGO 图层，右击，在弹出的快捷菜单中执行【预合成】命令，将 LOGO 图层转化为一个合成图层。这一步很重要会影响到最终 LOGO 的尺寸和比例，如图 6-143 和图 6-144 所示。

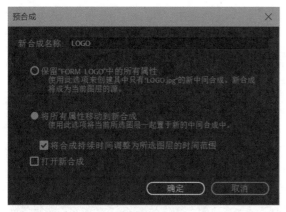

图 6-143

图 6-144

03 执行【图层】→【新建】→【纯色】命令，或按快捷键 Ctrl+Y，在弹出的对话框中将纯色图层重命名为"渐变"，颜色为白色。选中该图层，执行【效果】→【过渡】→【线性擦除】命令，设置【过渡完成】的动画关键帧为 0% 至 100%，并将【羽化】调整为50，如图 6-145 和图 6-146 所示。

图 6-145

图 6-146

04 选中"渐变"图层，右击，在弹出的快捷菜单中执行【预合成】命令，将"渐变"图层转化为一个合成图层，如图 6-147 所示。

05 将"渐变"和"LOGO"图层的眼睛图标 关闭，取消显示。执行【图层】→【新建】→【纯色】命令，或按快捷键 Ctrl+Y，在弹出的对话框中将纯色图层重命名为 FORM。在【时间轴】面板中选中 FORM 图层，执行【效果】→ RG Trapcode → Form 命令。画面中出现 Form 的网格，【效果控件】面板中出现 Form 相关的参数，如图 6-148 所示。

图 6-147

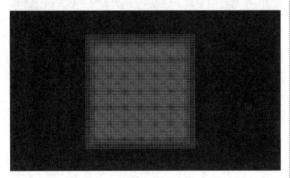

图 6-148

06 下面对 Form 的参数进行调节，首先调节 Base Form 下面的一些参数，主要是为了定义 Form 在控件中的具体形态。将 Base Form 切换为 Box-Grid 模式。将 Size 切换为 XYZ Individual，调整 Size X 为 1280，Size Y 为 720，Particle in Z 为 1，也就是将粒子平均分散在画面中，如图 6-149 和图 6-150 所示。

图 6-149

图 6-150

07 展开 Layer Maps（Master）属性下的 Color and Alpha，将 Layer 切换为 3.LOGO，Functionality 切换为 RGB to RGB，Map Over 切换为 XY，可以看到粒子已经变成了 LOGO 的颜色，如图 6-151 和图 6-152 所示。

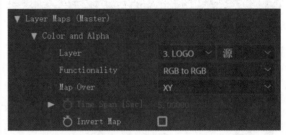

图 6-151

图 6-152

08 LOGO 的色彩还不是很明晰，这是因为粒子数量太少，将 Base Form → Particle in X 设置为 200，Particle in X 为 200，如图 6-153 所示。

图 6-153

09 再展开 Layer Maps（Master）属性，将 Size、Fractal Strength 和 Disperse 三个属性的 Layer 都切换为【2. 渐变】图层，Map Over 切换为 XY，如图 6-154 和图 6-155 所示。

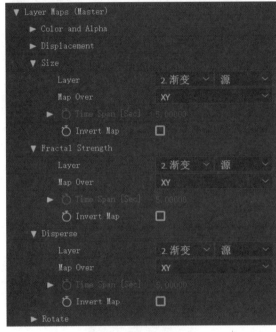

图 6-154

图 6-155

10 展开 Disperse and Twist（Master）属性，调整 Disperse 参数为 60，此时看到粒子已经散开了，如图 6-156 和图 6-157 所示。

11 为粒子增加一些立体感，展开 Base Form → Particle in Z 参数，并设置为 3，如图 6-158 所示。

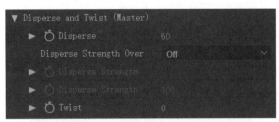

图 6-156

图 6-157

图 6-158

12 选中 FORM 图层，按快捷键 Ctrl+D 复制一个 FORM 图层，并放置在上方，展开 Base Form（Master），调整 Particle in X 为 1280，Particle in Y 为 720，Particle in Z 为 1。展开 Disperse and Twist 属性，调整 Disperse 参数为 0，这样就有一个完整的 LOGO 在粒子的上方，如图 6-159 和图 6-160 所示。

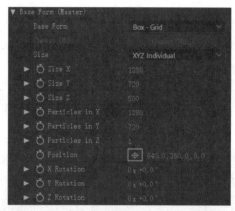

图 6-159

图 6-162

14 我们还可以为粒子添加更复杂的效果，单击蓝色的 Designer... 图标，在面板左下角单击蓝色加号图标，选择 Duplicate Form 命令，复制一个 Form2，这个层继承了 Form 的所有粒子属性，单击 Apply 按钮，可以在【效果控件】面板中看到所有属性后面都有 Form2 的后缀。将 Base Form 切换为 Box-Strings 模式。可以看到粒子中多了一层线状的粒子图层。FORM 3.0 版本添加了多重命令，可以在不建立新图层的情况下添加多重特效，如图 6-163 ～图 6-165 所示。

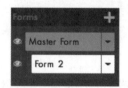

图 6-163

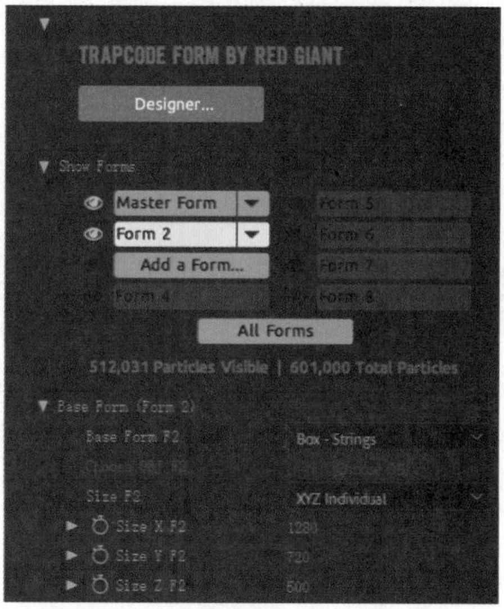

图 6-160

13 选中下方的 FORM 图层调整粒子的状态，展开 Fractal Field（Master）属性下 X Displace 等参数，扩大扰乱粒子的外形，如图 6-161 和图 6-162 所示。

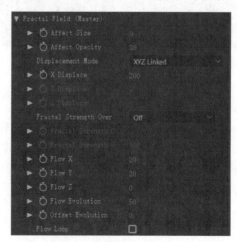

图 6-161

图 6-164

图 6-165

6.5　Mir 效果插件

　　使用 Mir 可以制作出具有三维效果的运动图形，能生成对象的阴影或流动的有机元素、抽象景观和星云结构，以及精美的灯光。灵活和有趣的动作设计让后期制作更加简单，如图 6-166 所示。

图 6-166

　　01 现在使用 Trapcode 套件中的 Mir 效果来制作一个光线的背景。首先，创建一个新的合成，命名为 MIR，【预设】为 HDTV 1080 29.97，【持续时间】为 5 秒，如图 6-167 所示。

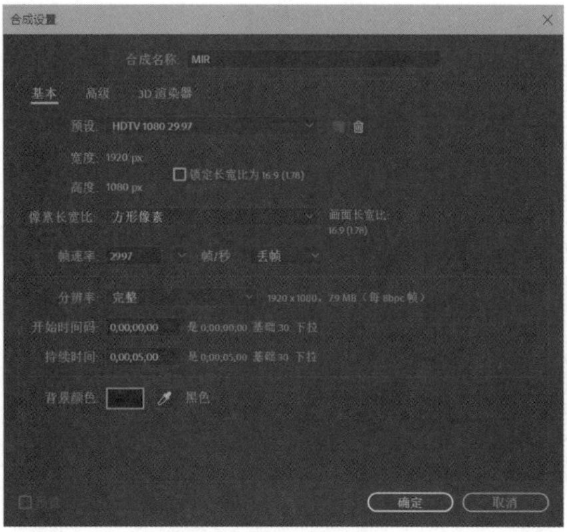

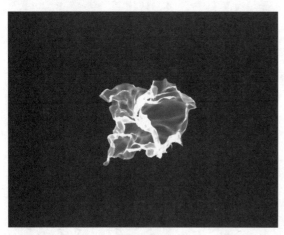

图 6-167

02 执行【图层】→【新建】→【纯色】命令，或按快捷键 Ctrl+Y，在弹出的对话框中将纯色图层命名为"背景"。在【时间轴】面板中选中背景图层，执行【效果】→ RG Trapcode → Mir 命令，为其添加 Mir 效果，如图 6-168 所示。

图 6-168

03 对 Mir 进行设置，首先需要定义 Geometry 属性中的参数，这部分参数主要用于定义 Mir 的基本形态和位置。展开 Geometry 属性，设置 Position XY 为 1250 和 650，Mir 在合成的右下位置，如图 6-169 所示。

04 用同样的方法设置 Size X 和 Size Y 分别为 2500 和 280，Mir 形态大小发生变化，参数调整效果如图

6-170 所示。

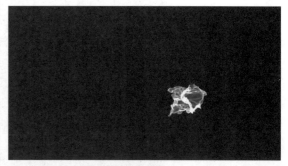

图 6-169

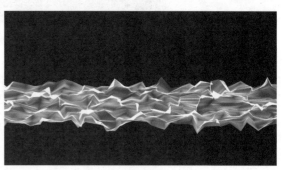

图 6-170

05 对 Repeater 属性进行调整。展开 Repeater 属性，首先设置 Instances 为 5，完成后 Mir 的亮度明显提高很多。设置 R Opacity 为 55，降低 Mir 的透明度，画面保持较多的细节。设置 R Scale 为 150，Mir 产生类似拖影的效果，如图 6-171 和图 6-172 所示。

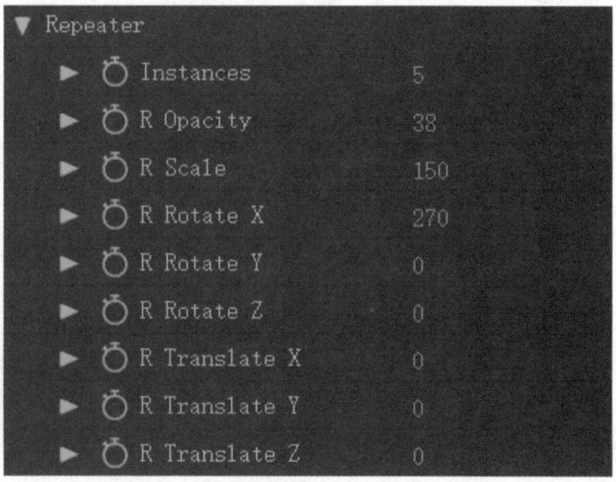

▼ Repeater
  ▶ ○ Instances   5
  ▶ ○ R Opacity   38
  ▶ ○ R Scale   150
  ▶ ○ R Rotate X   270
  ▶ ○ R Rotate Y   0
  ▶ ○ R Rotate Z   0
  ▶ ○ R Translate X   0
  ▶ ○ R Translate Y   0
  ▶ ○ R Translate Z   0

图 6-171

图 6-172

06 展开 Material 属性，为 Mir 设置材质。设置 Color，进入颜色拾取器，拾取 #66FFCD 颜色，如图 6-173 所示。

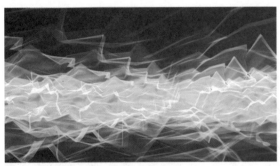

图 6-173

07 调整 Material 属性，设置 Nudge Colors 为 14，画面颜色稍微变暗，如图 6-174 所示。

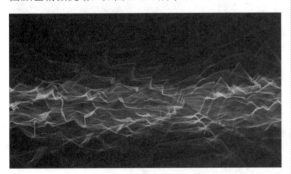

图 6-174

08 展开 Shader 属性，设置 Shader 为 Flat 模式，Draw 为 Wireframe 模式，如图 6-175 所示。

09 展开 Fractal 属性，设置 Amplitude 为 500，Frequency 为 118。同时设置 Fractal 属性的 Evolution 动画，设置 0 至 10 的关键帧动画，播放动画可以看

到线条随机地动起来了，如图 6-176 所示。

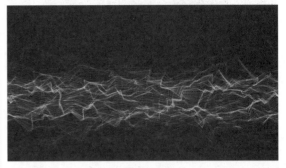

图 6-175

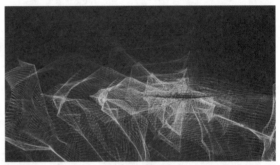

图 6-176

10 除了模拟动态背景，还可以设置线和点的背景动画。展开 Geometry 属性，设置 Size X 和 Size Y 分别为 7500 和 5500，也就是放大局部，如图 6-177 所示。

图 6-177

11 在【时间轴】面板中选中该图层，按快捷键 Ctrl+D 复制一个同样的图层，并放在上方。选中上方的图层，展开 Material 属性，设置 Nudge Colors 为 75。展开 Shader 属性，设置 Shader 为 Flat 模式，Draw 为 Point 模式。播放动画可以看到点随着线在移动，如图 6-178 所示。

图 6-178

置 Shader 为 Flat 模式，Draw 为 Front Fill,Back Wire 模式，如图 6-179 所示。

12 使用同样的方法再复制一个图层，展开 Material 属性，设置 Color 为 #367C66。展开 Shader 属性，设

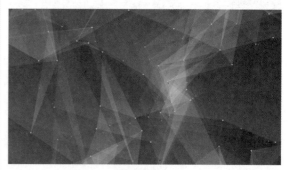

图 6-179

6.6　Tao 效果插件

使用 Tao 效果能制作出复杂的三维动画，这些三维动画可以依附在路径上，并产生复杂的变化，Tao 效果类似于 Mir 与 3D Stroke 的集合体，如图 6-180 所示。

图 6-180

01 现在使用 Trapcode 套件中的 Tao 效果来制作一个光线的背景。首先，创建一个新的合成，命名为 TAO，【预设】为 HDTV 1080 29.97，【持续时间】为 5 秒，如图 6-181 所示。

图 6-181

02 执行【图层】→【新建】→【纯色】命令，或按快捷键 Ctrl+Y，在弹出的对话框中将纯色图层设置为白色。再创建一个黑色的纯色图层，并放在上方。使用【椭圆工具】绘制一个蒙版，如图 6-182 所示。

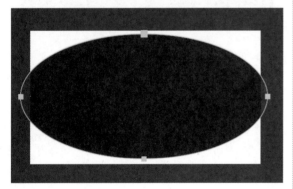

图 6-182

03 在【时间轴】面板中展开【蒙版】属性，勾选【反转】选项，调整【蒙版羽化】参数，并将【不透明度】调整为 50%，如图 6-183 所示。

04 在【时间轴】面板选中两个纯色图层，右击，在弹出的快捷菜单中选中【预合成】命令，命名为"背景"。这样就得到一个灰白色的背景，如图 6-184 所示。

05 执行【图层】→【新建】→【纯色】命令，或按快捷键 Ctrl+Y，在弹出的对话框中将纯色图层命名为 TAO。在【时间轴】面板中选中背景图层，执行【效果】→ RG Trapcode → Tao 命令，为其添加 Tao 效果。

可以看到 Tao 的基本型是一个环形，如图 6-185 所示。

图 6-183

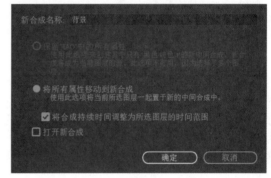

图 6-184

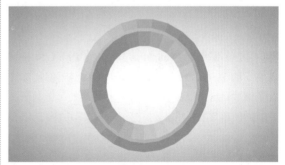

图 6-185

06 我们可以在 Path Generator 中切换不同的形态，在 Shape 中可以切换为 Circle、Line 和 Fractal 3 种形态，如图 6-186 和图 6-187 所示。

07 如果将 Path Generator 属性中的 Generator Path 勾选，可以直接使用【钢笔工具】绘制造型，如果想删除，可以在【时间轴】面板中展开属性，删除蒙版即可，如图 6-188 所示。

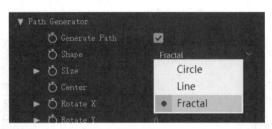

图 6-186

图 6-187

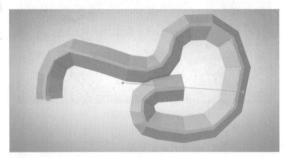

图 6-188

08 还是使用默认的 Fractal 形态，勾选 Path Generator 属性下的 Taper Size 复选框，可以看到线条的尾部进行了缩放。这几个参数类似于形状图层的笔触动画，在前面的章节中介绍过，如图 6-189 和图 6-190 所示。

图 6-189

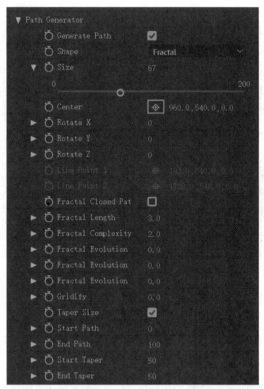

图 6-190

09 执行【图层】→【新建】→【摄像机】命令，新建一个摄像机，使用【摄像机工具】调整镜头位置，可以看到这个线条是一个三维对象，如图 6-191 所示。

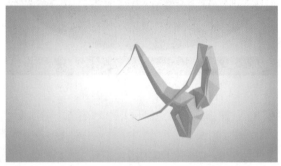

图 6-191

10 展开 Segment 属性，将 Segment Mode 调整为 Repeat N-gon，模型变成了一个块面的样子，不再连接在一起，如图 6-192 和图 6-193 所示。

图 6-192

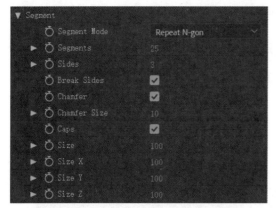

图 6-193

11 调整 Segments 参数，可以增减分段的数量。使用这种方法可以制作出复杂的动画效果，如图 6-194 所示。

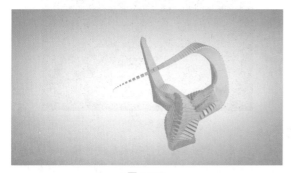

图 6-194

12 将 Segment Mode 调整为 Repeat Sphere，模型变成了一个球形的样子，可以通过增加 Sides 参数使其更加圆滑，如图 6-195 所示。

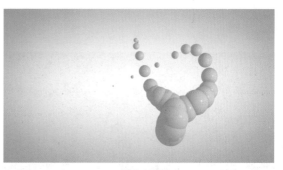

图 6-195

13 将 Segment Mode 调整为 Repeat N-gon，将 Sides 调整为 3，Segments 参数设置为 100。展开 Offset 属性，设置 Offset 参数 100 至 0 的动画，可以看到三维线条从无到有的动画效果，如图 6-196 和图 6-197 所示。

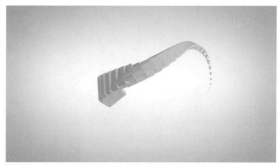

图 6-196

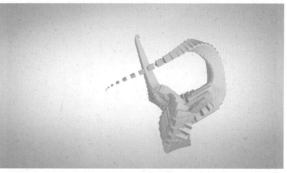

图 6-197

14 展开 Repeat Paths 属性下的 First Repeater，将 R1 Repetitions 调整为 4，可以看到画面中复制了 4 个模型，如图 6-198 和图 6-199 所示。

15 调整 First Repeater 下面的相关参数，主要用来控制复制出的模型的坐标及大小等参数。此处可以随意

233

调整每个参数，调整出喜欢的画面，并播放动画观察效果，如图 6-200 和图 6-201 所示。

图 6-198

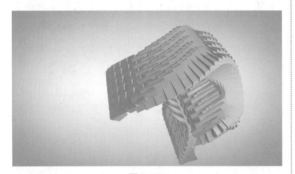

图 6-199

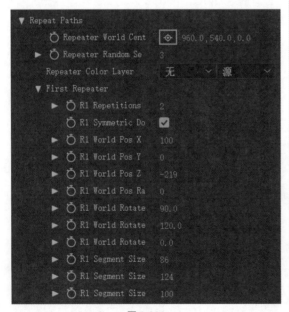

图 6-200

图 6-201

16 下面调整材质，首先执行【图层】→【新建】→【灯光】命令，新建一盏灯光，【灯光类型】设置为【点】，如图 6-202 所示。

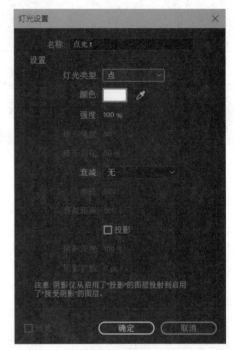

图 6-202

17 使用【选择工具】直接调整灯的位置，将灯光调整到模型的中心位置。如果操作不方便，可以在【时间轴】面板中展开灯光的【变换】属性并直接调整参数，在参数上拖动鼠标就可以移动位置，如图 6-203 所示。

18 接下来调整材质，将 Material&Lighting 属性下的 Color 设置为蓝色（00FFF0），将 Light Falloff 切换为 Smooth 模式，展开 Image Based lighting 属性，切换 Built-in Enviro 为 Dark Industrial 模式，如图 6-204 所示。

图 6-203

图 6-204

19 展开 Shader 属性，将 Shader 切换为 Density 模式，Draw 切换为 Fill 模式。可以看到模型已经有了漂亮的外观，如图 6-205 所示。

图 6-205

20 还可以继续调整 Second Pass 为 Wireframe 模式，为模型添加线框，读者可以试一下这些参数，如图 6-206 所示。

图 6-206

21 也可以像 3D 软件中一样增强 AO Intensity，增加模型的立体感，如图 6-207 所示。

图 6-207

22 这些参数类似于 3D 软件中的参数，也可以使用灯光调整模型的颜色，将模型改为白色并建立多盏灯光，变化会更加丰富，如图 6-208 所示。

图 6-208

经过前面的学习之后，如何将所学到的知识在实际中进行有效的运用是我们需要思考的问题，熟练地掌握 After Effects 的使用，需要经过反复地练习以及对每一步操作的思考，在本章中将对几个案例进行整体的剖析，使知识点相互贯通。

7.1 扰动文字

01 创建一个新的合成，命名为"扰动文字"，【预设】为 HDTV 1080 29.97，【持续时间】为 3s。创建一段文字，可以是单词也可以是一段话，这些文字在后期还能修改。可以使用 IMPACT 字体，笔画较粗，适于该特效，如图 7-1 所示。

图 7-1

02 在【时间轴】面板中单击该文字图层，右击，在弹出的快捷菜单中执行【预合成】命令，在弹出的对话框中命名为"文字"，如图 7-2 所示。

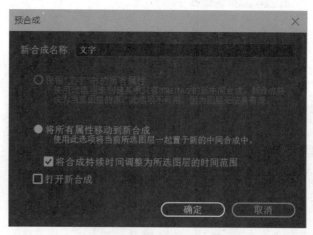

图 7-2

03 创建一个纯色图层，色彩不限，命名为"置换"。选择该图层执行

【效果】→【杂色与颗粒】→【分形杂色】命令。调整【分形类型】为【动态渐进】，【杂色类型】为【块】，【对比度】调整为300。继续展开【变换】属性，取消勾选【统一缩放】复选框，调整【缩放宽度】和【缩放高度】参数。可以看到画面里长方形条状，如图7-3和图7-4所示。

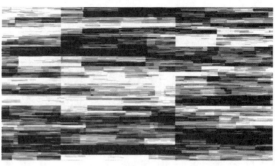

图 7-4

04 按 Alt 键，单击【演化】属性左侧的码表图标，为该属性添加表达式。可以看到在【时间轴】面板中弹出表达式，输入表达式"time*3000"，参数3000表示倍数。播放动画，可以看到画面在不断转换，如果觉得强度不够，可以加大参数到4000，如图7-5所示。

图 7-3

图 7-5

05 设置【亮度】属性的动画，时长约为1s，关键帧参数为−249～207，也就是画面从纯黑到纯白的过程。选中两个关键帧，右击，在弹出的快捷菜单中执行【关键帧辅助】→【缓动】命令。打开动画曲线可以发现动画被优化，如图7-6和图7-7所示。

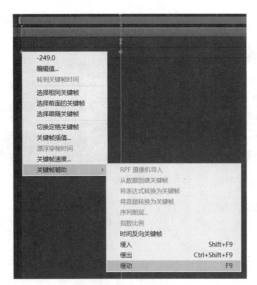

图 7-6

图 7-7

06 在【时间轴】面板中单击该文字图层，右击，在弹出的快捷菜单中执行【预合成】命令，命名为"置换遮罩"。将该图层移动到文字图层的上方，将文字图层的 TrkMat 切换为【亮度】，播放动画可以看到文字逐渐显现出来，如图 7-8 和图 7-9 所示。

图 7-8

图 7-9

07 选中【置换遮罩】图层，按快捷键 Ctrl+D，复制一个图层并放置在文字图层的下方，命名为"置换2"，如图 7-10 所示。

图 7-10

08 选中文字图层，执行【效果】→【扭曲】→【置换图】命令。将【置换图层】切换为【置换2】，如图 7-11 所示。

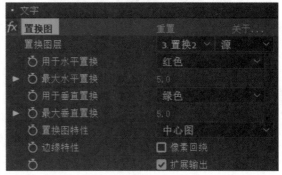

图 7-11

09 设置【最大水平置换】的动画关键帧，参数为 0 至 150 再至 0 的一个循环，中间可以多添加几个值。播放动画，可以看到文字的图形被水平方向上扭动干扰，如图 7-12 和图 7-13 所示。

图 7-12

10 选中文字图层，执行【效果】→【风格化】→【马赛克】命令，分别设置【水平块】和【垂直块】的参数动画，关键帧参数随意，但最后一帧调整为 4000，也就是马赛克的密度完全忽略不计，如图 7-14 所示。

图 7-13

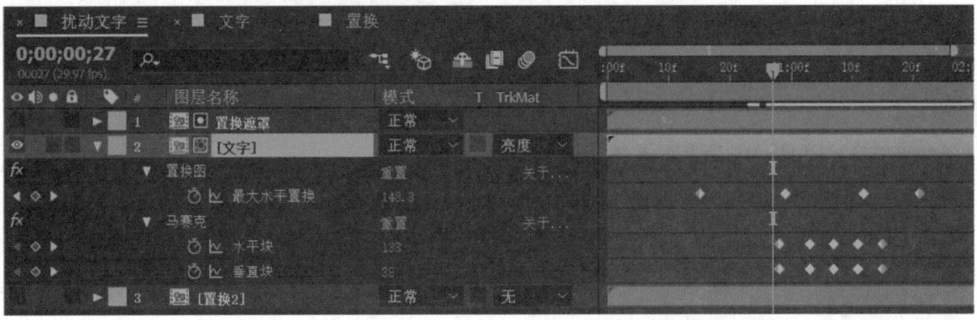

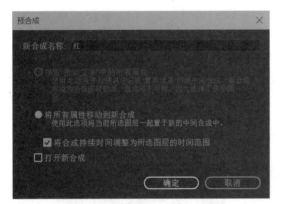

图 7-14

11 选中 3 个合成，右击，在弹出的快捷菜单中选择【预合成】命令，创建一个新的预合成，命名为【红】，如图 7-15 所示。

图 7-16

图 7-15

12 选中【红】层，按快捷键 Ctrl+D，复制两个同样的图层，分别命名为"蓝"和"绿"，如图 7-16 所示。

13 选中每个图层分别执行【效果】→【通道】→【转换通道】命令。当想为另一个层添加上一个效果时，可以在【效果】菜单中找到上一次添加的效果命令，如图 7-17 所示。

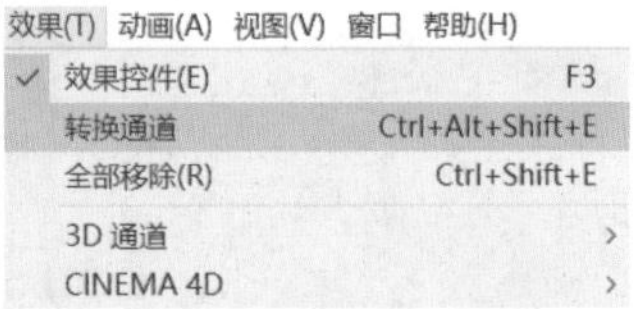

图 7-17

14 将【红】图层的【转换通道】中的【从 获取绿色】切换为【完全关闭】，【从 获取蓝色】切换为【完全关闭】，也就是红色的图层关闭绿色和蓝色通道。用同样的方法将蓝色图层和绿色图层的其他通道关闭，如图 7-18 所示。

图 7-18

15 放大【时间轴】面板，将蓝色图层向后移动两帧，绿色图层向后移动一帧，如图 7-19 所示。

图 7-19

16 将蓝色图层和绿色图层的【模式】分别调整为【相加】，如果找不到该栏，按 F4 键切换。播放动画可以看到文字带有色彩的扰动画面，如图 7-20～图 7-23 所示。

图 7-20

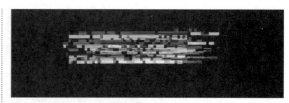

图 7-21

图 7-22

图 7-23

7.2 动态图形

01 首先创建一个合成并命名为"动态图形"。预置为【方形，1024*1024PX】，注意，要勾选【锁定长宽比例1:1（1.00）】选项才能进行设置，【持续时间】为 5s，如图 7-24 所示。

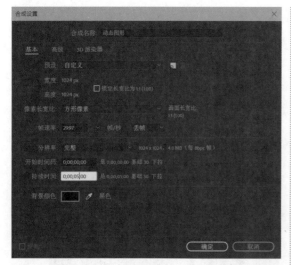

图 7-24

02 创建一个纯色图层并命名为"环形"，色彩设置随意。选中纯色图层，执行【效果】→【生成】→【无线电波】命令。在【时间轴】面板中拖动时间指示器观察效果，可以看到由中心位置发出圆形电波，如图 7-25 所示。

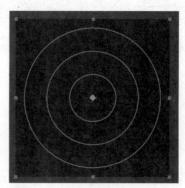

图 7-25

03 在【效果控件】面板中观察【无线电波】效果的参数。首先展开【多边形】属性，将【边】参数调整为 6，可以看到电波变成了六边形，原有的参数为 64，这个数值越高，圆形就会越平滑，如图 7-26 所示。

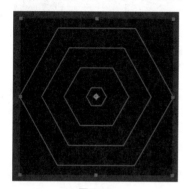

图 7-26

04 为"环形"绘制一个蒙版，选中【多边形工具】，在画面中绘制。绘制过程中可以使用键盘上的上、下键调整多边形的边数。绘制一个六边形放在画面的中心位置，如果找不到中心位置打开【标题/动作安全】选项，如图 7-27 所示。

图 7-27

05 在【效果控件】面板，将【波浪类型】切换为【蒙版】，这时蒙版选项会被激活，将【蒙版】切换为【蒙版】，重新拖动时间指示器可以看到电波的六边形和蒙版的六边形保持一致，如图 7-28 和图 7-29 所示。

06 拖动蒙版的点，可以看到发射的六边形随着蒙版移动，为这些点设置动画也可以制作出富于变化的效果。同时蒙版也控制着电波的外形和方向，如图 7-30 所示。

图 7-28

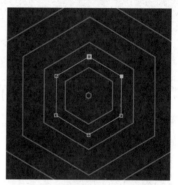

图 7-29

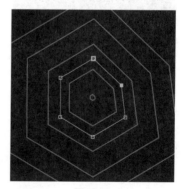

图 7-30

07 设置【波动】属性下的参数，并调整【描边】下的【淡出时间】为 0。因为设置了【寿命】为 1，这样电波过了一秒后就不再向外扩展。而【淡出时间】是控制电波外边缘的消散程度的，如果是 0，将不会有过渡，如图 7-31 和图 7-32 所示。

图 7-31

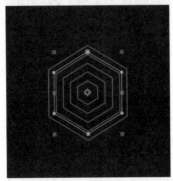

图 7-32

08 下面调整【描边】的【颜色】和【开始宽度】，色彩可以自行选择，可以看到【开始宽度】控制了电波起始线条的宽度，如图 7-33 和图 7-34 所示。

图 7-33

图 7-34

09 下面为【频率】和【颜色】设置动画，将【频率】设置为 10 至 0 的动画，时间长度不限，画面中电波发射出后就会消失。【颜色】设置为蓝色到白色的动画后发射的电波将变为白色，形成了渐变的效果。此处也可以设置更为丰富的色彩变化，如图 7-35 和图 7-36 所示。

图 7-35

图 7-36

10 适当调整【描边】中的【开始宽度】参数，让中心位置的线条变得粗一点，使图形化更为明显，如图 7-37 所示。

11 创建一个新的纯色图层，命名为"渐变"。在【时间轴】面板中选中纯色图层，右击，在弹出的快捷菜单中执行【图层样式】→【渐变叠加】命令，展开【渐变叠加】属性，将【样式】切换为【角度】。下面为【角度】参数设置动画，可以看到渐变分切的线像时针一样转动，如图 7-38 和图 7-39 所示。

图 7-37

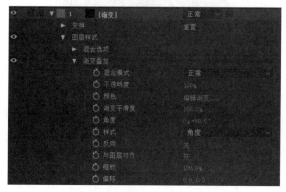

图 7-38

图 7-39

12 在【时间轴】面板中选中【渐变】，右击，在弹出的快捷菜单中执行【预合成...】命令，为图层创建一个合成。在【预合成】控制面板中，选中【将所有属性移动到新合成】选项，并勾选【将合成持续时间调整为所选图层的时间范围】复选框，如图 7-40 所示。

13 执行【合成】→【新建】→【调整图层】命令，创建一个调整图层，命名为"置换"。选中【置换】图层，执行【效果】→【时间】→【时间置换】命令，

将【时间置换图层】切换为【3.渐变】图层。关闭【渐变】图层的显示。设置【最大移位时间［秒］】为 0.6。【时间分辨率［fps］】设置为 6.0。可以看到渐变动画会直接切分"环形"的外形，同样的原理如果添加不同的渐变效果可以得到不同的置换结果，有兴趣的读者可以试验一下，如图 7-41 和图 7-42 所示。

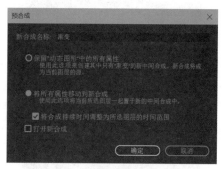

图 7-40

图 7-41

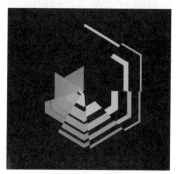

图 7-42

14 为了丰富图形的变化，再添加一些辅助图形。不选中任何层，使用【多边形工具】绘制一个六边形形状图层，需要将中心与渐变层重合。在工具栏右侧，将【形状图层】填充调整为【无】，【描边】调整为紫色，如图 7-43 所示。

15 在【时间轴】面板中展开【描边 1】属性，在【虚线】属性右侧单击 + 号，为线条添加虚线。再次单击 + 号，添加【间隙】属性。设置【描边宽度】为 24，【线段

端点】为【圆头端点】，设置【虚线】为0，设置【间隙】为42。可以看到线条变为紫色虚线。我们可以使用这种方法绘制出各种类型的线，如图7-44所示。

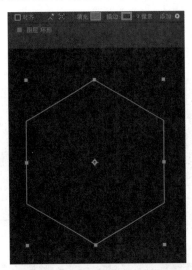

图 7-43

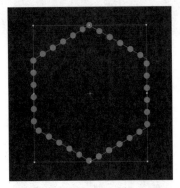

图 7-44

16 在【时间轴】面板中设置【描边宽度】的参数动画，设置动画为0至30再至0的参数变化。播放动画可以看到圆点由无到有，由小到大，然后消失。将【形状图层1】拖至【置换】层的下面，在【时间线】面板中图层位置与关键帧位置大致如图7-45所示。

技巧与提示：

如果需要只显示有关键帧的属性，可以选中该图层，按U键，就会在【时间轴】面板中只显示带有关键帧的属性，这样可以方便直接调整和观察关键帧。

图 7-45

17 此时可以看到圆点也随着渐变动画进行运动，将圆点的关键帧选中，向后拖动，这样图形和圆点的动画就有了时间差，如图7-46所示。

图 7-46

18 在【时间轴】面板中选中所有图层，右击，在弹出的快捷菜单中执行【预合成...】命令，为图层创建一个合成。在【预合成】对话框中，选中【将所有属性移动到新合成】选项，并勾选【将合成持续时间调整为所选图层的时间范围】选项，命名为"图形"，如图7-47所示。

图 7-47

19 下面为动画添加背景，首先建立一个白色的纯色图层，再建立一个黑色的纯色图层，黑色在白色的上面，选中黑色纯色图层，绘制一个圆形蒙版，调整【蒙版羽化】为402。调整【变换】属性中的【不透明度】为66%。这样就创建了一个富于变化的灰度背景，如图7-48所示。

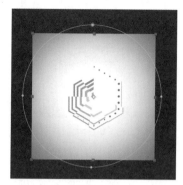

图 7-48

20 下面为图形添加阴影，选中图形层，按快捷键Ctrl+D，复制一个图形层，并放置在图层下方，命名为"阴影"，如图7-49所示。

图 7-49

21 首先选中"阴影"层，在【效果和预设】面板中搜索"三色调"，可以看到在【颜色校正】中的【三色调】效果被显示出来（我们一般使用这个面板搜索需要的效果名称，相关的效果就会被模糊搜索到，值得注意的是，中文版 After Effects 并不支持对于英文效果名称的搜索，但是支持 CC 系列的效果）。选中搜索到的效果，并将其拖至图层上，就可以为其添加该效果，如图7-50所示。

图 7-50

22 将阴影变为黑色，调整【三色调】的3个色彩属性为黑色。使用【三色调】效果可以调整出富于变化的阴影颜色，但如果只是黑色，也可以执行【效果】→【生成】→【填充】命令，直接将色彩转换为黑色，如图7-51所示。

图 7-51

23 现在阴影和图形重叠在一起，执行【效果】→【过渡】→ CC Scale Wipe 命令，为阴影添加变形动画。调整Direction 为50°，调整 Stretch 参数。让阴影拉出来，在【时间轴】面板中调整【阴影】图层【变换】属性下的【不透明度】为36%，让阴影看起来更为真实，如图7-52和图7-53所示。

图 7-52

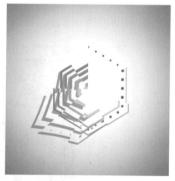

图 7-53

24 选择阴影图层，执行【效果】→【模糊和锐化】→【高斯模糊】命令，调整【模糊度】为26，让阴影更真实，如图7-54所示。

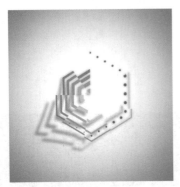

图 7-54

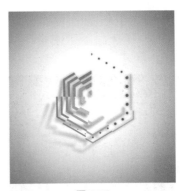

图 7-56

25 执行【效果】→【过渡】→【线性擦除】命令，设置【过渡完成】为32%，【擦除角度】设置为50°，【羽化】设置为198。可以看到阴影渐渐虚化，较为真实，如图 7-55 和图 7-56 所示。

图 7-55

Motion Graphics（动态图形）是 After Effects 最为擅长的表现力，通过简单的图形可以制作出富于变化的动态图形，读者在学习的过程中，可以将实例中出现的效果属性逐一实验，看看还有什么变化，往往会有意想不到的收获。

7.3 腐蚀文字

01 首先，创建一个新的合成，命名为"腐蚀字体"，【预设】为 HDTV 1080 29.97，【持续时间】为10s，如图 7-57 所示。

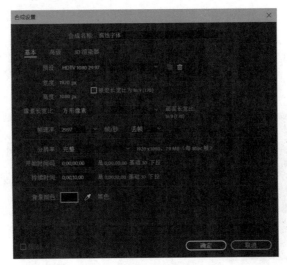

图 7-57

02 创建一段文字，可以是单词也可以是一段话，这些文字在后期还能修改。可以使用 IMPACT 字体，笔画较粗，适于该特效，如图 7-58 所示。

图 7-58

03 在【时间轴】面板中单击该文字图层，右击，在弹出的快捷菜单中执行【预合成】命令，并命名为"文字 Alpha"，如图 7-59 所示。

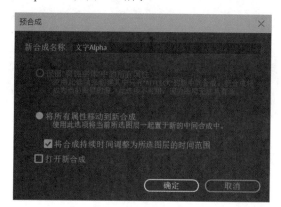

图 7-59

04 选中【文字 Alpha】图层，按快捷键 Ctrl+D，复制一个图层并放置在文字图层的上方。选中该图层，右击，在弹出的快捷菜单中执行【预合成】命令，并命名为"文字 Bevel"，如图 7-60 所示。

图 7-60

05 在【时间轴】面板中，双击【文字 Bevel】图层，展开【文字 Bevel】合成，【文字 Alpha】图层显示出来，如图 7-61 所示。

图 7-61

06 选中【文字 Alpha】图层，执行【图层】→【图层样式】→【内发光】命令，在【时间轴】面板中展开【内发光】属性，修改【混合模式】为【正常】，【不透明度】100%，【颜色】为黑色，【技术】为【精细】，【大小】为 18（这个参数需要参考文字的大小），形成一个倒角效果，如图 7-62 和图 7-63 所示。

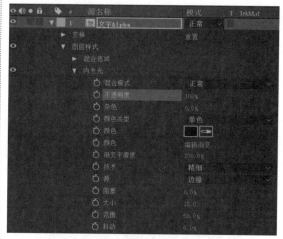

图 7-62

图 7-63

07 在【合成】面板中单击【切换透明网格】按钮，此时可以看到文字向内产生黑色阴影，再次单击关闭【切换透明网格】，如图 7-64 所示。

图 7-64

08 执行【图层】→【新建】→【调整图层】命令，创建一个调整图层，并置于【文字 Alpha】的上方，如图 7-65 所示。

图 7-65

09 执行【调整图层 1】，执行【效果】→【通道】→【固态层合成】命令，在【效果控件】面板中将【颜色】调整为黑色，为画面建立一个黑色背景，如图 7-66 和图 7-67 所示。

图 7-66

图 7-67

10 选择【调整图层 1】，执行【效果】→【模糊和锐化】→【快速方框模糊】命令，设置【模糊半径】为 1，【迭代】为 1，并勾选【重复边缘像素】复选框，如图 7-68 所示。

11 在【项目】面板中将本书附赠素材中"工程文件"相关章节的"石头背景"文件导入。切换到【腐蚀字体】合成中，将"石头背景"素材导入合成，如图 7-69

和图 7-70 所示。

图 7-68

图 7-69

图 7-70

12 在【时间轴】面板中选中【石头背景】图层，右击，在弹出的快捷菜单中执行【预合成】命令，并命名为"石头"，如图 7-71 所示。

图 7-71

13 选中【石头】合成，执行【效果】→【风格化】→ CC Glass 命令，展开 Surface 属性，将 Bump Map 切换为【2. 文字 Bevel】，将 Softness 调整为 0，Displacement 调整为 0。此时可以看到利用通道制作出了带有锐利倒角的文字效果，下面我们把文字以外的图案去掉，如图 7-72 和图 7-73 所示。

14 选中【石头】合成，执行【效果】→【通道】→【设置遮罩】命令，将【从图层获取遮罩】切换为【3. 文字 Alpha】图层，可以看到背景被遮盖了，如图 7-74

和图 7-75 所示。

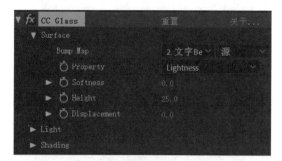

图 7-72

图 7-73

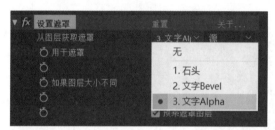

图 7-74

图 7-75

15 此时可以在【时间轴】面板直接关闭【文字 Bevel】和【文字 Alpha】两个图层的显示。选中【石头】图层，展开 CC Glass 效果的 Light 属性，将 Using 切换为 AE Light，使用 After Effects 的系统灯光来照明，

如图 7-76 所示。

图 7-76

16 执行【图层】→【新建】→【灯光】命令，创建一个平行光，如图 7-77 所示。

图 7-77

17 在【时间轴】面板中展开灯光属性，将【强度】调整为 300%，在【合成】面板中移动灯光，也可以修改【位置】参数，调整灯光的位置，如图 7-78 和图 7-79 所示。

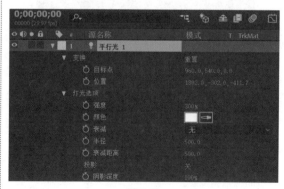

图 7-78

图 7-79

18 执行【图层】→【新建】→【灯光】命令，创建
一个环境光，将【强度】设置为 50%，如图 7-80 所示。

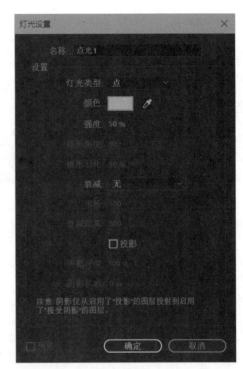

图 7-81

图 7-80

19 执行【图层】→【新建】→【灯光】命令，创建
一个点光，将【强度】设置为 50%，【颜色】设置为
亮蓝色。将位置调整到文字的左侧，让文字的左侧被
蓝色的环境光影响，如图 7-81 和图 7-82 所示。

图 7-82

20 在【时间轴】面板中双击【文字 Bevel】合成，切
换到该合成的操作面板，执行【图层】→【新建】→
【纯色】命令，创建一个纯色图层，并命名为"腐蚀"，
如图 7-83 所示。

图 7-83

21 选中【腐蚀】图层，执行【效果】→【杂色和颗粒】→【分形杂色】命令，将两个合成同时显示，可以看到【分形杂色】效果对文字的最终影响，如图7-84所示。

图 7-84

22 在【时间轴】面板中，将【腐蚀】图层的图层模式切换为【相加】，如果找不到该参数栏，按F4键切换。可以看到文字的边缘产生了粗糙的倒角效果，如图7-85和图7-86所示。

图 7-85

图 7-86

23 文字的边缘可以进行调整，在【效果控件】面板中调整【分形杂色】的参数，将【分形类型】调整为【最大值】，勾选【反转】复选框，【对比度】调整为88，【亮度】调整为 −20，此时可以看到文字的边缘变得锐利了，如图7-87和图7-88所示。

图 7-87

图 7-88

24 在【时间轴】面板中，选中【文字 Alpha】图层，按快捷键 Ctrl+D，复制一个新的【文字 Alpha】图层并放在顶部，如图7-89所示。

图 7-89

25 选中复制的【文字Alpha】图层，执行【效果】→【通道】→【反转】命令，再执行【效果】→【模糊和锐化】→【快速方框模糊】命令，调整【模糊半径】为12，在【时间轴】面板中展开【文字Alpha】属性，将【不透明度】调整为27%。可以看到文字的边缘更加锐利并富于变化，如图7-90和图7-91所示。

图7-90

图7-91

26 执行【图层】→【新建】→【纯色】命令，创建一个纯色图层，并命名为"痕迹"，如图7-92所示。

图7-92

27 选择【痕迹】图层，执行【效果】→【杂色和颗粒】→【分形杂色】命令，在【时间轴】面板中将【痕迹】图层的图层模式切换为【相乘】，将【分形杂色】的【亮度】调整为47，【对比度】调整为80。此时可以看到石头的粗糙感更加明显了，如图7-93和图7-94所示。

图7-93

图7-94

28 选中【痕迹】图层，执行【效果】→【模糊与锐化】→【钝化蒙版】命令，参数保持默认，如图7-95所示，将【痕迹】图层的【不透明度】调整为70%，弱化对比。

图7-95

29 切换到【腐蚀字体】合成中，再次将【石头背景】素材导入，并放在最后一层，如图7-96和图7-97所示。

图7-96

图7-97

30 选中【石头背景】图层，执行【效果】→【颜色校正】→【曲线】命令，将背景颜色调暗，如图 7-98 和图 7-99 所示。

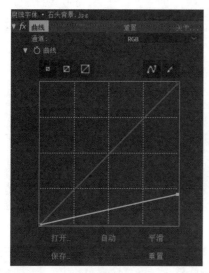

图 7-98

图 7-99

31 在【时间轴】面板中选中【文字 Alpha】图层，按快捷键 Ctrl+D，复制一个【文字 Alpha】图层并放在【文字 Bevel】图层的上方，右击并重命名为"阴影"，如图 7-100 所示。

图 7-100

32 选中【阴影】图层，执行【效果】→【颜色校正】→【色调】命令，将【将白色映射到】改为黑色，如图 7-101 所示。

图 7-101

33 执行【效果】→【模糊与锐化】→ CC Radial Blur 命令，将 Type 切换到 Fading Zoom 模式，将 Center 的位置调整到画面的上方，调整 Amount 参数为 39，产生阴影效果，如图 7-102 和图 7-103 所示。

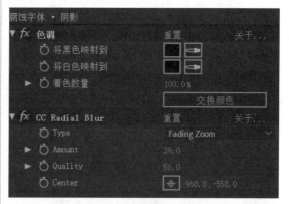

图 7-102

图 7-103

34 下面增加文字的立体感，选中【石头】图层，按快捷键 Ctrl+D，复制一个【石头】图层并放在下面，右击并重命名为"厚度"，如图 7-104 所示。

图 7-104

35 选择【厚度】图层,执行【效果】→【模糊与锐化】→ CC Radial Blur 命令,将 Type 切换到 Fading Zoom 模式,调整 Amount 参数为 -8,如图 7-105 和图 7-106 所示。

图 7-105

图 7-106

36 选中【厚度】图层,执行【效果】→【颜色校正】→【曲线】命令,将【通道】切换为 Alpha,向上调整曲线。将【通道】切换为 RGB,向下调整曲线,形成暗色的厚度区域(注意 Alpha 的调整一定要把边缘调整得非常硬朗,模糊的边缘不会形成立体效果),如图 7-107 和图 7-108 所示。

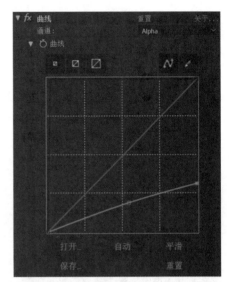

图 7-107

图 7-108

37 如果觉得立体感不够可以复制一层阴影,加强对比度。设置【腐蚀】图层的分形动画,产生变化的文字效果,如图 7-109 所示。

图 7-109

7.4　方形闪电

01 首先，创建一个新的合成，命名为"腐蚀字体"，【预设】为 HDV/HDTV 720 25，【持续时间】为 10 秒，如图 7-110 所示。

图 7-110

02 执行【图层】→【新建】→【纯色】命令，创建一个纯色图层，并命名为"闪电"。执行【效果】→【生成】→【高级闪电】命令，画面中出现了一道闪电，如图 7-111 所示。

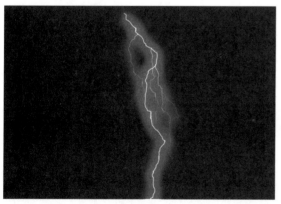

图 7-111

03 在【效果控件】面板中调整【高级闪电】的参数，首先将【闪电类型】切换为【回弹】，展开【发光设置】，调整【发光半径】为 1，【发光不透明度】为 0%。【湍流】

调整为 10。展开【专家模式】，将【复杂度】调整为 2。观察画面效果，闪电变成了直线状态，如图 7-112 所示。

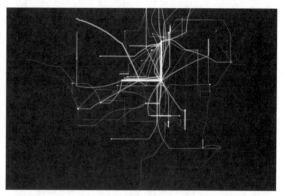

图 7-112

04 继续调整，展开【衰减】属性，将【衰减】调整为 0.07，勾选【主核心衰减】复选框，将【专家设置】下的【最小分叉距离】调整为 8，闪电的造型基本上达到要求了，如图 7-113 所示。

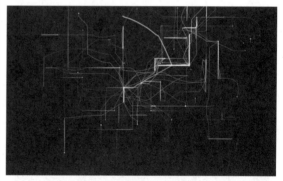

图 7-113

05 设置闪电的动画。为【衰减】属性设置关键帧，闪电从无到有，如图 7-114 所示。

图 7-114

06 但此时闪电的动画速度太快了，单击【时间轴】

面板上的【图表编辑器】按钮<mark>，将【衰减】的关键帧从直线调整为曲线，选中黄色的点，单击【缓动】按钮<mark>，即可转换为曲线，如图 7-115 所示。

图 7-117

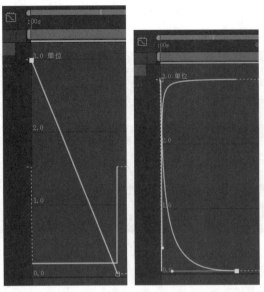

图 7-115

图 7-118

07 选中【闪电】图层，右击，在弹出的快捷菜单中执行【预合成】命令，并命名为"闪电"，如图 7-116 所示。

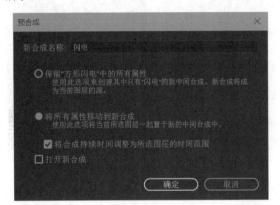

图 7-116

图 7-119

图 7-120

08 双击【闪电】图层，进入闪电合成编辑面板。将【闪电】图层的图层融合模式调整为【屏幕】，复制 3 个【闪电】图层，通过改变复制出来的闪电的【传导率状态】参数和【源点】位置，以及将时间轴向后推移，制作出闪电从左至右逐渐出现的动画，如图 7-117～图 7-120 所示。

09 执行【图层】→【新建】→【纯色】命令，创建一个纯色图层，并命名为"背景"，放在底部。执行【图层】→【新建】→【调整图层】命令，并放置在顶部，将【调整图层 1】的图层模式调整为【屏幕】，如图 7-121 所示。

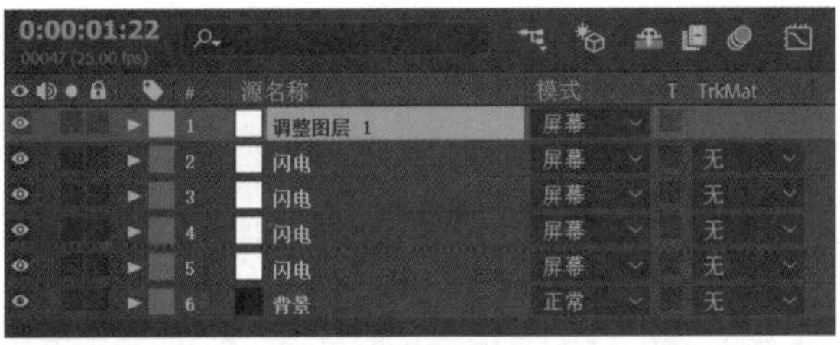

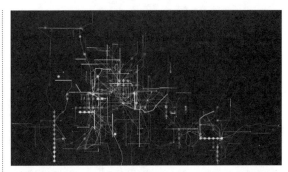

图 7-124

图 7-125

图 7-121

10 选中【调整图层】，执行【效果】→【模拟】→ CC Star Burst 命令。将 Scatter 和 Speed 参数均调整为 0，闪电上附着了很多圆点，如图 7-122 和图 7-123 所示。

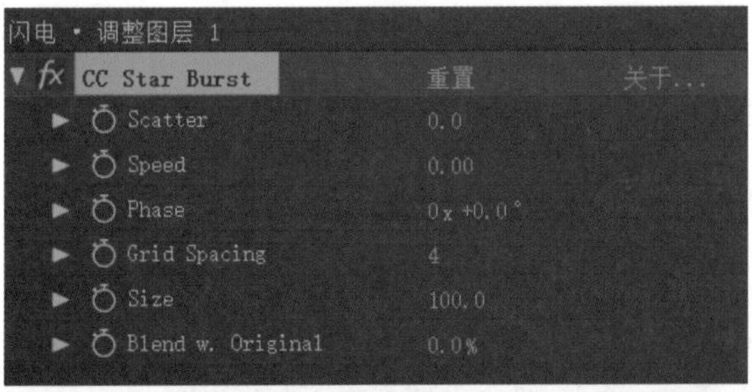

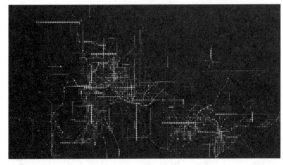

图 7-122

图 7-123

11 选中【调整图层 1】，执行【效果】→【通道】→【固态层合成】命令，将【颜色】调整为黑色。同时调整 CC Star Burst 的 Grid Spacing 和 Size 参数，可以看到圆点被单独显示出来了，如图 7-124 所示。

12 此时再建立一个调整图层，执行【效果】→【风格化】→【发光】命令，为闪电添加发光效果。将【发光半径】参数调大，再执行【效果】→【色彩校正】→【曲线】命令，单独修改 RGB 通道的曲线，用于调整颜色，如图 7-125 所示。

13 回到方形闪电的合成中，输入一段文字。选中【1.TU】图层，在快捷菜单中执行【预合成】命令，并命名为 LOGO，如图 7-126 和图 7-127 所示。

图 7-126

图 7-127

14 在【时间轴】面板中选中【"LTU"轮廓】图层，右击，在弹出的快捷菜单中执行【创建】→【从文字创建形状】

命令，可以看到参照文字的外形创建了一个形状图层，也可以用这种方法创建LOGO的外形，如图7-128所示。

图 7-128

15 在【工具栏】右侧调整【填充】和【描边】参数，并且把【描边】调整为6像素的宽度，可以看到创建了镂空的文字效果，如图7-129和图7-130所示。

图 7-129

图 7-130

16 选中刚才制作的一个闪电效果，在【效果控件】面板中复制该效果，选中LOGO图层，并粘贴该效果。需要注意的是，要把关键帧的动画删除。勾选【主核心衰减】和【在原始图像上合成】选项，调整【高级闪电】的【Alpha障碍】参数，可以看到闪电避开了LOGO的文字，如图7-131和图7-132所示。

图 7-131

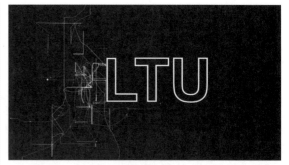

图 7-132

17 复制两个【高级闪电】效果，并粘贴在LOGO图层上，移动【源点】位置，将LOGO包围，如图7-133所示。

图 7-133

18 选中文字图层，并复制该图层。回到【闪电】合成，将【文字】图层粘贴进去，关闭其显示状态，然后创建一个新的【调整图层3】，如图7-134所示。

图 7-134

19 选中【调整图层3】图层，执行【效果】→【通道】→【设置遮罩】命令，将【从图层获取遮罩】切换为【2.LTU】（也就是粘贴进来的文字图层）。此时可以看到文字遮罩了画面，如图7-135和图7-136所示。

20 切换回【方形闪电】合成，可以看到最终的效果，如图7-137所示。

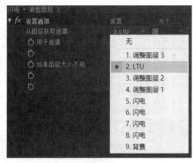

图 7-135

图 7-138

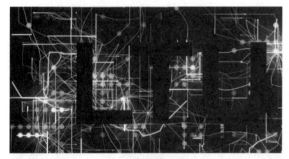

图 7-136

图 7-139

图 7-137

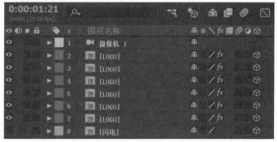

图 7-140

21 创建一台摄像机，调整摄像机的位置，并复制 LOGO 图层，单击【3D 图层】图标 ⬡，并调整其【不透明度】为 13%，调整【位置】的 Z 轴位置，如图 7-138 和图 7-139 所示。

22 用同样的方法复制几个 LOGO 图层，可以为每个 LOGO 图层单独制作闪电动画，如图 7-140 和图 7-141 所示。

23 创建一个调整图层，执行【效果】→ Video Copilot → VC Color Vibrance 命令，调整画面颜色。设置摄像机动画，可以看到最终的闪电效果围绕着文字出现，如图 7-142 ～图 7-145 所示。

图 7-141

图 7-142

图 7-144

图 7-143

图 7-145